● REC

"种草"视频制作：《汉服推荐》

主图视频制作：《图书套装》

层次感强的文字设计示例

旅行广告短视频

添加动画效果

添加文字贴纸

画中画蒙版合成

添加画面特效

电煮锅主图视频的"外观展示 + 细节展示 + 使用方法展示"3 个部分

运用箭头进行引导　　　　　　　　用第一人称的方式讲述卖点

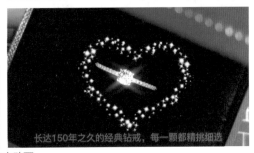

制作文字动画

短视频
电商美工

视觉营销+视频拍摄+剪辑调色+爆款制作

蒋珍珍◎编著

北京大学出版社
PEKING UNIVERSITY PRESS

内 容 提 要

短视频电商已经成为目前商品销售的重要形式之一。高品质的短视频在介绍、推荐商品的时候，不仅可以给客户传递清晰明确的产品信息和功能特点，而且可以带给客户良好的视听体验，提高产品的吸引力，为产品电商IP树立优质品牌形象和口碑。

这是一本专为短视频电商美工打造的学习教程书，共11章，分别介绍了短视频电商美工的基础知识、视觉风格设计与美化、拍摄脚本策划、产品构图与拍摄技巧、后期剪辑处理、调色与特效处理、文案内容制作、封面美化技巧，以及"种草"视频、团购视频、主图视频等热门短视频案例的制作技巧。

本书内容条理清晰、通俗易懂，采用步骤讲解模式，让读者能够轻松、快速地学习和理解。本书适合电商美工、电商商家、短视频达人、带货主播、商业摄影师及电商行业从业者等阅读，也可以作为电子商务、视觉设计、商业摄影、新媒体、数字媒体、数字艺术等相关专业的培训教材。

图书在版编目(CIP)数据

短视频电商美工：视觉营销+视频拍摄+剪辑调色+爆款制作 / 蒋珍珍编著. — 北京：北京大学出版社，2023.3

ISBN 978-7-301-33694-6

Ⅰ.①短… Ⅱ.①蒋… Ⅲ.①视频编辑软件②图像处理软件 Ⅳ.
①TP317.53②TP391.413

中国国家版本馆CIP数据核字（2023）第004499号

书　　　名	短视频电商美工：视觉营销+视频拍摄+剪辑调色+爆款制作
	DUAN SHIPIN DIANSHANG MEIGONG：SHIJUE YINGXIAO+SHIPIN PAISHE+
	JIANJI TIAOSE+BAOKUAN ZHIZUO
著作责任者	蒋珍珍　编著
责 任 编 辑	王继伟　孙金鑫
标 准 书 号	ISBN 978-7-301-33694-6
出 版 发 行	北京大学出版社
地　　　址	北京市海淀区成府路205号　　100871
网　　　址	http://www.pup.cn　　　新浪微博:@北京大学出版社
电 子 信 箱	pup7@pup.cn
电　　　话	邮购部 010-62752015　发行部 010-62750672　编辑部 010-62570390
印 刷 者	北京宏伟双华印刷有限公司
经 销 者	新华书店
	720毫米×1020毫米　16开本　12.5印张　301千字
	2023年3月第1版　2023年3月第1次印刷
印　　　数	1-4000册
定　　　价	79.00元

前言

Preface

  随着短视频用户规模的不断扩大，短视频一跃成为当下提升流量最大的渠道之一，受到越来越多的品牌方、广告主和商家的青睐。同时，短视频和电商也在不断地相互融合，如短视频向电商的渗透，典型代表有抖音推出的抖店、快手推出的快手小店等；电商向短视频的渗透，典型代表有淘宝、拼多多、京东的主图视频、商品详情视频等。

  商家在电商平台上成功开店后，通常会通过运营推广和店铺装修来增加店铺的产品销量，而通过视觉营销来吸引用户注意，就是一种最为经济实惠的方式。当然，商家要想在此方面有所突破，就不能忽视短视频电商美工的作用。

  如今，网店对美工技能的要求越来越高。网店美工不仅要实时掌握手机端的店铺装修规则，而且要紧跟互联网的流行趋势，掌握短视频电商美工的基本技能，具体包括视觉设计、视频拍摄、剪辑调色及爆款制作等。本书正是从这些角度出发，帮助读者拓展自己的创意思维，快速提高短视频电商美工的设计水平。

  目前市场上的短视频和电商相关的书籍比较多，但大部分专注于运营和变现的内容，真正将两者进行融合的书，尤其是关于短视频电商美工的书非常少。基于此，笔者根据自己多年的电商美工和短视频运营实操经验，同时收集淘宝、拼多多、抖音等电商平台中的大量爆款短视频，结合这些实战案例编写了这本书，希望能够真正帮助读者提升自己的美工设计能力。

  这是一本具有实用价值的工具书，层次安排与结构设计非常清晰明了，是美工设计师和电商从业者的案头书。

特别提示：本书在编写时，是基于当前各平台相关的软件和后台界面截取的实际操作图，但本书从编辑到出版需要一段时间，在这段时间里，软件界面与功能可能会有所调整和变化，这是平台做的更新。大家在阅读时，请根据书中的思路举一反三，进行学习。

本书由蒋珍珍编著，参与编写的人员还有苏高、胡杨等人，在此表示感谢。

编　者

温馨提示

本书附赠资源可用微信扫一扫右侧二维码，关注微信公众号并输入本书 77 页资源下载码，获取下载地址及密码。

观看《短视频电商美工：视觉营销＋视频拍摄＋剪辑调色＋爆款制作》视频教学，请扫右侧二维码。

目录
Contents

04 第四篇　爆款制作篇

视觉营销篇

第 1 章

短视频电商美工的基础知识与设计要素

美工是电商运营中非常重要的岗位，店铺和产品视觉设计会直接影响用户对店铺和产品的最初印象。只有画面美观、内容优质的电商短视频，才能让用户产生兴趣和购买欲望。

1.1 从零开始认识电商短视频

国家统计局的相关统计数据显示，2021年全国电商交易额高达42.3万亿元，同比增长了19.6%，近两年平均增长率达10.2%。

同时，我国高度重视电商行业的发展，国家相关部门也对行业提供了大力支持，陆续出台了一系列鼓励与支持政策。电商市场的快速发展，带来了大量的创业机会和工作岗位，尤其是随着抖音、快手等短视频电商平台的兴起，使电商摄影和短视频制作受到大众的追捧。

如何做出优质的电商短视频作品，让产品从众多竞争对手中脱颖而出，吸引用户点击、浏览并下单购买，这是每个电商从业者都必须重点考虑的问题。下面将带领大家从零开始认识电商短视频，快速抢占市场先机。

1.1.1 电商短视频与普通短视频的区别

对于普通用户来说，他们在刷短视频的时候，究竟会刷一些什么类型或内容的短视频呢？下面通过3个案例来解析短视频的常见类型。

图1-1所示为一个萌宠类的短视频，内容非常有趣。这个视频的点赞量达66.8万次，可以说是一个非常好的视频，很多人看到后都会忍不住点赞。

图1-2左图所示的短视频中，左下方有

图 1-1　萌宠类的短视频

一个视频同款产品的购物链接，点击即可看到这个产品的价格和销量。该账号拍摄了一个介绍产品的短视频，目的是通过这个产品的介绍，让用户点击视频左下方的购物车来购买产品，整个电商链路十分完整。

图1-3所示的短视频中，账号头像上显示了"直播"字样，同时视频内容也在不断地引导用户点击头像，进入直播间购买课程。由此可见，这类短视频的主要作用是给卖货直播间引流，吸引用户进入直播间下单。

图1-2　产品带货类的短视频　　　　　图1-3　为直播间引流的短视频

上述3种类型的视频中，第1种为普通短视频，包括搞笑段子、萌宠萌娃、知识分享、脱口秀、情景短剧、音乐舞蹈、生活记录等类型，这些视频主要为了吸引大家观看和点赞；第2种为带货短视频，比较明显的特点就是有购物车（俗称"小黄车"），最终的目的是通过内容宣传让用户点击购物车并下单；第3种为引流短视频或广告短视频，主要目的是通过视频内容吸引用户点击账号头像，然后进入该账号的卖货直播间下单。

除了普通短视频，我们通常将带货短视频和引流短视频都称为电商短视频。电商短视频是指通过优质的视频内容吸引更多用户点击购物车并下单，或者点击账号头像进入直播间下单。

电商短视频的引流或成交属性非常明确，从短视频创作的角度来看，电商短视频的本质仍然是短视频，需要大家点赞、评论和分享。但它又与普通短视频有明显的区别，那就是它带有明确的销售和广告目的。表1-1所示为电商短视频与普通短视频的主要区别。

表1-1　电商短视频与普通短视频的主要区别

短视频类型	发布目的	内容形式	主要作用
普通短视频	获得较高的点赞量和转发量	以日常生活或常规内容为主	提升内容曝光量和账号粉丝量
电商短视频	获得较高的点赞量、转发量和直播间在线人数	除了常规内容，还有明确的产品展示、点击引导等内容	吸引用户下单购物或关注直播间

另外，普通短视频的创作流程为"选题→风格→脚本→拍摄→剪辑"，而电商短视频要在最前面增加了一个"选品"，这是非常关键的一步。

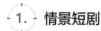 **电商短视频的基本展示类型**

现今，不管是抖音、快手等短视频电商平台，还是淘宝、拼多多等传统电商平台，短视频和直播的流量都是互通的。对于做直播带货的商家或达人来说，什么样的短视频才能提升产品销量和直播间流量呢？下面重点介绍电商短视频的五大基本展示类型。

1. 情景短剧

情景短剧是指具有一定情节和营销卖点的电商短视频，创作难度比较大，内容的核心仍然是产品。因此需要在剧情中无痕植入产品，引起用户的关注。

2. 真人口播

真人口播类的电商短视频不仅需要一定的镜头感，而且需要给用户带来获得感，让用户对视频中所说的内容或产品产生深刻的印象。

3. 产品展示

产品展示类的电商短视频可以不用人物出镜，只要将镜头对准产品，拍摄产品的外观或功能，然后讲解产品的卖点即可，如图1-4所示。

4. 图文展示

图文展示类的电商短视频甚至不需要拍摄视频素材，商家或达人可以直接将厂家提供的产品照片素材上传到平台。图1-5所示为抖音信息流中的图文内容。

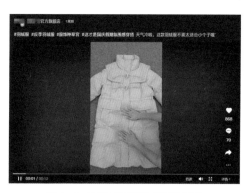

图1-4 产品展示类的电商短视频　　　　图1-5 抖音信息流中的图文内容

5. 动画展示

动画展示类的电商短视频是指通过二维或三维动画的形式，制作与产品相关的短视频内容。这种短视频的技术含量比较高，商家或达人可以用外包的形式，找专门的第三方动画公司来制作。

1.1.3　提升电商短视频的视觉表现能力

电商短视频除了要做好选品、选题和脚本外，还需要有一定的视觉表现能力。也就是说，要在短视频中更好地表现场景、人物或产品等元素。例如，出镜的人员在面对镜头时，需要表现出自然、真诚的状态，将脚本内容更好地演绎出来。对于新手商家或达人来说，可以多拍一些产品的镜头，从而避免自己直面镜头。等到能够从容面对镜头后，再去拍一些真人出镜的电商短视频，这样说服力会更强一些。

新手在拍摄电商短视频时，经常会出现以下问题。

▶ 眼神飘忽不定，视线不够聚焦。

▶ 内容表达不清晰，没有重点。

▶ 过于紧张，不知所措。

▶ 表演的痕迹太过明显。

▶ 语言不够连贯，或者经常忘词。

▶ 表情非常僵硬，让人看着尴尬。

那么，如何避免这些问题呢？下面总结了一些方法。

▶ 多拍一些产品的镜头，将内容重心转移到产品的讲解上。

▶ 采用第一人称的视角，拍摄真人口播视频，如图1-6所示。第一人称视角就是以自己的视角进行拍摄，即拍摄者眼睛所看到的内容和短视频展示的内容完全一致，而本人不会出现在镜头中。

▶ 做好充足的准备工作，将脚本中的台词内容记熟。

▶ 拍摄短视频时可以多录几次，不用追求一气呵成。

图1-6　以第一人称视角拍摄的真人口播视频

总之，要想提升电商短视频的视觉表现能力，让更多用户喜欢你的短视频，那么建议你尽量以拍摄产品为主。可以尝试更换不同的视角来拍摄，同时可以逐句录入台词，做到不拖音即可。

1.1.4　电商短视频的视觉场景搭建

制作电商短视频时，有这样一个常用的视觉场景搭建思路，即在产品的基础上做到"氛围关联""环境关联""物品关联""行为画面关联"。从产品出发，我们可以先思考用户在使用这个产品时通常是什么样的氛围，从氛围可以延伸出它的关联环境，从环境又可以联想到它关联的一些物品及行为画面。

例如，卖女士短袖产品的电商短视频，"氛围关联"可以是温暖、温柔或可爱等。其中，温暖氛围的"环境关联"为书店，"物品关联"为书；温柔氛围的"环境关联"为榻榻米，"物品关联"为抱枕；可爱氛围的"环境关联"为卧室，"物品关联"为猫咪。进行更深一步的思考，我们可以将可爱氛围的"行为画面关联"想象出来：可爱的女生坐在卧室的角落，背靠纯白的墙壁，抱起毛色黑白相间的猫咪，与猫咪脸贴脸并微笑着看向镜头，如图1-7所示。

电商短视频视觉场景搭建的重点在于塑造一种产品体验，让用户充分感受视频中介绍的产品能够带来的改变。尤其是当产品力不强时，商家很难在同行竞争中获得较高转化率，此时商家需要利用视觉内容包装的方式，通过大量曝光来获得更高的产品转化率，而情景短剧就是一种不错的视觉场景包装形式。

图1-8所示为一个食品带货类电商短视频截图。这个短视频不仅剧情内容有悬念，背景音效的起伏也非常扣人心弦。虽然视频账号卖的是生活中比较常见的螺蛳粉，但通过将产品包装在这个充满悬念的剧情场景中，能够大幅提升用户对产品的兴趣。

图 1-7　"行为画面关联"示例　　　　图 1-8　食品带货类电商短视频截图

对于那些门槛较低、市场竞争比较激烈的产品，商家更需要在视觉场景的包装和搭建上多下功夫，这样才能吸引用户的眼球。

1.2 短视频电商美工的入门知识

如今，电子商务越来越发达，很多传统行业也在逐步实现电商化，电商美工在电商运营中起着重要作用。电商美工不仅能够帮助商家设计出个性化的专属店铺和产品介绍页面，以提高产品的销量，还能为商家打造品牌、塑造自身形象贡献一己之力。

本节主要介绍短视频电商美工的概念、作用、应具备的能力，以及优质电商短视频的特征等，帮助大家了解短视频电商美工的入门知识，做到"知彼知己，百战不殆"。

1.2.1 什么是电商美工

美工是给店铺做主图、详情页等电商设计的人，而短视频电商美工则主要针对主图视频、详情视频、"种草"视频、广告视频和团购视频等进行制作，包括策划、拍摄和剪辑等一系列工作。

短视频电商美工实际上就是通过整体的设计，将短视频中的画面、文字和音效等元素进行美化处理，并利用链接的方式对各种产品或服务信息进行扩展，使其展现出美的视觉效果，并且能够影响用户的消费决策。

各种短视频电商平台通常都提供了专门的短视频剪辑工具，如抖音的剪映、快手的快影及拼多多的积木视频等。商家只需对视频素材进行精致的剪辑与美化，让短视频呈现出丰富的视觉效果，就是对短视频进行了美工设计。例如，剪映包括专业版、移动端和网页版等，可以满足大部分的视频剪辑需求，如图1-9所示。

图1-9 剪映的多个版本

当然，电商短视频即使没有进行美工设计，也照样可以销售产品，但引流和转化效果通常不太好。对短视频进行美工设计，主要是由于其购物方式的特殊性。在实体店铺中，用户可以直接感知产品的特点及店铺的档次，通过眼睛看、嘴巴尝、手摸、鼻子闻、耳朵听和试穿试用等方式来实现对产品的了解。但是在电商平台购物，用户就只能通过眼睛去看商家发布的文字、图片、视频和直播等内容，从这些内容中感受产品的使用效果。因此，商家必须通过合理且美观的美工设计来吸引用户的眼球，让自己的产品在众多同款中脱颖而出。

1.2.2 短视频电商美工有什么作用

很多商家对短视频电商美工不够重视，有的甚至不做短视频。他们觉得短视频无法为店铺带来直接收益，而且要付出很多的运营成本。这里，笔者主要分析短视频电商美工的作用。

首先，我们要了解美工的原理。人类的大脑在接收各种信息时，通常会先消化那些路径划分好的信息，视觉冲击力强的信息可以增强消费欲望。美工设计可以提升用户浏览短视频时的舒适度，进而提升转化效果，促进产品的销量上涨。

"美工意识"其实也是一种"运营意识"，那些重视美工设计的商家通常会形成持续的运营行为。一个优秀的电商短视频，能够更好地呈现产品卖点、优惠活动、品牌商标等信息，以及引导用户完成收藏、加购（添加产品到购物车）和下单等行为。

美工是电商短视频运营绕不开的一个环节，但在美工的意义、目标和内容上一直存在众多不同的观点。即便如此，短视频电商美工设计的核心都是促进交易的进行，主要作用有以下3个。

1. 展示产品信息，增强用户信任

对于短视频来说，美工设计不仅能够丰富产品的外在形象和卖点信息，同时还可以塑造更加完美的品牌形象，加深用户对品牌的印象和信任度。

图1-10所示的电商短视频中，展现了多款双人床的品牌、材质、颜色、功能、尺寸、价格等信息，便于用户对比和选购。这种有规划且独具风格的电商短视频，能够给用户带来良好的第一印象。这个第一印象的好坏直接决定了用户对产品是否信任，而信任感又是触发成交的关键因素。

图1-10 双人床短视频

2. 展示产品详情，吸引用户购买

鉴于网络营销的特点，电商平台对单个产品都提供了单独的展示页面，即商品详情页面（简称商品详情、商详页或详情页）。但用户能够获得的信息仍然非常有限，而短视频可以弥补这个不足。

商品详情页面的美化会直接影响产品的转化率和销量，用户之所以对某个产品产生购买欲望，通常是因为那些直观的、权威的信息打动了他们。因此，将一些必要、有效且丰富的产品信息进行组合和编排，能够加深用户对产品的了解程度。

图1-11所示为两个不同的商品详情页面的装修效果，一组是以平铺直叙的图文形式呈现产品

信息，另一组则通过加入主图视频来表达产品卖点，通过对比可以发现后者更能打动用户。

图 1-11 不同类型的商品详情页装修效果

由此可见，电商短视频可以让用户更加直观明了地掌握各种产品信息，这些信息决定了用户是否会购买该产品。图1-12所示的电商短视频中，用户不用触摸，也可了解到衣服透气、耐磨、抗皱等信息，这种信息用图文来表达就很难具有说服力。

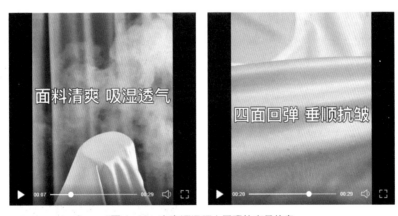

图 1-12 电商短视频中展现的产品信息

3. 实现视觉营销，提升产品转化率

产品转化率就是所有点击产品链接并产生购买行为的人数与所有点击产品链接的人数之比。产品转化率提高了，生意也会更上一层楼。影响产品转化率的因素主要有：活动搭配、卖点展示、客户服务、用户评论等，其中，活动搭配、卖点展示等都可以通过短视频来展示，可见短视频能够直接对产品转化率产生影响。

因此，商家不能忽视短视频电商美工设计，这会直接影响产品的转化率，即影响产品的交易量。

笔者建议，商家有必要从各个方面考虑电商短视频的美工设计。好的美工不但能够提升短视频的质量，还可以让用户感受到"购买视频中的产品能够有良好的保障"。

1.2.3 合格美工应具备的能力

对于电商短视频来说，美工人员（简称美工）就是视觉营销的策划者，他既是技术岗位，又是营销岗位，通过制作各种视频素材来解决用户对应的咨询问题，同时还可以吸引用户点击和购买产品，解决商家的销量难题。

因此，短视频的美工在很大程度上影响了所卖产品的销量。美工必须以用户为导向，用优质的视频内容表达用户的消费需求，从而达到营销的目的。要做到这一点，美工必须具备图1-13所示的几种能力。

合格美工应具备的能力

- 用户在搜索和对比产品时，能够吸引他们的注意力
- 当用户在查看短视频时，能够唤醒他们的记忆力
- 在短视频中营造好感，提升用户对产品的信任度
- 在用户的感官体验上下功夫，提升他们的想象力

图1-13 合格美工应具备的能力

第1个是注意力。美工人员可以从用户痛点和情感共鸣两个方面出发，营造产品的吸睛点。

第2个是记忆力。美工人员可以从促销活动和场景营销这两个方面入手：促销活动可以刺激用户消费，而场景营销则有很强的代入感，能够唤醒用户的记忆。图1-14所示的电商短视频就是采用促销活动的形式来激发用户购买欲望的，广告词为"59.9 湘菜3-4人餐"，优惠力度非常大。

第3个是信任度。美工人员可以从数据展示、真人体验、产地标签和权威证明等方面入手，打造产品的真实感，让用户产生信任感。

第4个是想象力。美工人员可以从视觉、听觉、

图1-14 促销活动的示例

味觉、嗅觉、触觉等方面来打造产品特色，提供更多的想象空间，增强用户的感官体验，让用户对产品欲罢不能。

图1-15所示为沙发的主图视频，通过模特坐下的场景，以视觉想象力让用户感受沙发填充物的柔软和舒适度。图1-16所示为米粉的主图视频，通过味觉想象力来勾起用户的食欲，让用户通过视频来想象自己体验该产品时的情景。

图 1-15 视觉想象力示例   图 1-16 味觉想象力示例

专家提醒 ⊙ ⊳∥ ✕

　　对用户来说，他们花费在购物上的时间是计入购物成本中的。因此，商家需要增加短视频的空间使用率，以及提升产品信息与用户的有效接触范围。为了实现这两个目的，需要做到以下两点。

　　◇增加短视频空间的使用率，通过美工设计让短视频容纳更多的产品信息，并缩短用户理解这些信息的路径。

　　◇在产品之间的关联和产品分类的优化上多下功夫，从而给用户提供更便捷的选购空间。

1.2.4 优质电商短视频的特征

　　在这个"看脸"的时代，颜值决定了第一印象。对于商家来说，如何让自己的产品快速在众多同款中突围，美工设计不失为一个新的破局思路。下面从一个用户的角度，带领大家感受一下有美工设计和无美工设计的电商短视频的区别。

　　图1-17所示为有美工设计的电商短视频，通过漂亮的镜头画面、精美的花字效果、酷炫的文字动画和俏皮的背景音乐等视频拍摄和设计，更好地展现了儿童抱枕的产品信息。这样的短视频很容易给人留下良好的第一印象。

　　同时，该电商短视频在产品信息的剪辑顺序方面也非常有逻辑，通过"先整体后局部"的顺序将产品的功能卖点、使用场景和材质做工等信息一一呈现给了用户，让用户更容易接受。

　　另外，这个短视频不仅画面精美、排版有序，而且字幕的配色风格也很可爱，与带货的产品非常相搭。同时，整个短视频的美工设计能够很好地塑造出产品的形象，风格也非常清晰、统一。对于有需求的用户来说，通常会选择收藏或购买这个产品，并对它进行持续的关注。

　　下面再来看一下无美工设计的电商短视频，如图1-18所示。整个短视频几乎是"素颜"的，没有进行任何后期处理，只是简单地拍摄了产品的外观。

图 1-17 有美工设计的电商短视频示例

图 1-18 没有美工设计的电商短视频示例

当然，这种没有美工设计的电商短视频并不是不好，而是缺少记忆点，难以让用户记住。用户可能随便看看就关闭了，不会想要点击链接查看产品，这样就会在无形当中失去很多潜在的用户和流量。

专家提醒

对于短视频电商美工设计，下面总结了4点好处。

◇好的短视频电商美工设计，不仅可以提升品牌识别度，而且可以塑造产品的独特风格。

◇设计精良的电商短视频，不仅能够更好地传递产品信息，而且能体现出商家自身的经营理念和企业文化，而且这些都会给商家的形象加分，也更有利于塑造新品牌。

◇商家可以通过短视频中的醒目位置展现主推产品或促销产品，并提高主推产品与用户的接触概率，从而提升产品的销量。

◇从用户的感官角度来看，他们打开电商短视频后，如果对视频中销售的产品并不了解，则无法客观地评定这些产品的质量。但是，好的美工设计可以让短视频给用户留下美好的第一印象，从而让用户对短视频甚至对其中的产品产生好感。

1.3 优质电商短视频的美工设计要素

很多商家即使投入了大量的推广成本来获得高展现量，产品的点击率和转化率也依然跟不上，这可能是因为美工环节出了问题。美工设计优质的电商短视频，可以直接刺激用户的视觉感官，让他们对产品产生兴趣和购买欲。

电商短视频的美工设计是不可忽视的部分，它其实也是作为内容的一部分而存在的，需要每个商家认真对待。本节将从多个方面进行分析，介绍优质电商短视频的美工设计基本要素。

1.3.1 选择合适的短视频拍摄设备

选择合适的短视频拍摄设备，这样不仅有助于提升短视频的画质，还有助于拍摄工作顺利完成。电商短视频的主要拍摄设备包括单反相机、微单相机、智能手机、运动相机等，大家可以根据自己的资金状况和专业程度来选择。只要掌握了设备的正确使用方法和拍摄技巧，即使使用便宜的拍摄器材，也可以拍出优秀的电商短视频作品。

不管是使用哪种设备，大家只需要在拍摄视频前将参数调整好，拍出的效果通常都能达标。图1-19所示为使用手机拍摄短视频的效果。

另外，对于专业电商短视频的拍摄，除了拍摄设备，我们还需要准备灯光设备、收音设备、稳定设备和一些辅助设备。例如，章鱼支架就是一种常用的稳定设备，非常轻巧，便于携带，同时还可以兼容手机、单反相机和微单相机，如图1-20所示。章鱼支架持久耐用，可以反复弯折，能够帮助摄影师从各种角度拍摄产品。

选好了相机等拍摄设备后，我们还需要掌握各种摄影参数的设置方法，如快门、光圈、感光度、对焦、白平衡、测光模式等。对于没有太多摄影基础的新手来说，这些知识非常实用，有助于新手快速掌握短视频的拍摄原理，提升基本功。

图1-19　使用手机拍摄短视频

图1-20　章鱼支架

1.3.2 选择能够提升代入感的环境

环境是影响电商短视频表现效果的重要因素,与内容契合度高的环境更容易提升视频内容的可信度,增强观者的代入感。例如,拍摄环境与口播内容的契合度非常高,则可以从侧面进一步佐证内容的真实性,提高内容的可信度。

图1-21所示为服装模特的短视频拍摄效果。将模特放在一个具体的逛街场景中进行拍摄,这样更容易让用户代入自己在这个场景中使用该产品时的效果。

图 1-21　服装模特的短视频拍摄效果

尤其是通过视频来呈现产品的使用过程和功能时,我们可以选择实际的生活场景或应用场景进行拍摄,而不只是干巴巴地口述这些信息。如果商家所卖的产品具有一定的功能性,则建议务必将这个产品的使用场景和环境匹配好,调性尽量一致,从而让用户产生更好的代入感。

总的来说,一个恰当的环境是可以为内容赋能的。因此,大家在制作短视频内容的时候,可以利用身边现有的环境资源,如办公室、厨房、实体店或工厂等,为自己的内容赋能,让短视频具有更强的带货能力。

1.3.3 选择合适的构图突出主体

很多新手商家在拍摄电商短视频时,经常会忽略构图的重要性,最终导致画面的整体结构不够和谐、统一。好的构图不仅能让视频画面的布局看起来更协调,还可以十分巧妙地突出画面中的主体对象。

图1-22所示的电商短视频就采用了对角线构图方式进行的拍摄。模特靠近镜头所穿的鞋子处于竖版画面的对角线上,用对角线来联系取景范围,可以呈现出稳定、和谐的画面结构。

图 1-22　对角线构图示例

商家在拍摄电商短视频时需要考虑构图的方式，这样可以使视频画面显得更美。本书第4章会
介绍一些具体的电商短视频构图技巧，此处不再赘述。

1.3.4　选择正确的光线提升品质

光线在电商短视频中的作用非常重要，合理运用光线可以打造更有立体感和空间感的画面效果，
从而有效提升视频中的产品品质。

商家可以先在产品一侧设置光源，使产品本身出
现明暗渐变的效果，凸出立体感；然后在阴影一侧设置
辅助光源，功率为主光源的1/3~1/2，这样布光既能提
亮阴影，保证产品正确曝光，又能拍出产品的立体感。
电商短视频大多采用比较经典的三点布光法，如图1-23
所示。

图 1-23　三点布光法

（1）主光：用于照亮产品主体和周围的环境。

（2）辅助光：通常辅助光的光源强度弱于主光，
主要用于照亮被摄对象表面的阴影区域，以及主光没有照射到的地方，可以增强主体对象的层次感
和景深效果。

（3）轮廓光：主要从被摄对象的背面照射过来，一般采用聚光灯，其垂直角度要适中，主要用
于突出产品的轮廓。

拍摄产品时，我们还可以配一盏摄影灯，采用侧逆光的照射角度，然后将反光板放到主光源的
对面，这样可以降低拍摄成本。注意，采用这种方法拍摄的短视频可以呈现出明暗层次感，但在主
体细节的呈现上会显得不佳。

另外，如果在室外的阳光或灯光比较明亮的室内场景下拍摄，我们可以通过控制光线的照射方
向来实现不同的影调效果，如顺光、侧光、逆光等。下面介绍6种拍摄短视频时常用的光线类型。

（1）**顺光**：照射在被摄对象正面的光线，光源的照射方向和相机的拍摄方向基本相同。顺光的主要特点是受光均匀，画面比较通透，不会产生过于明显的阴影，而且色彩非常亮丽。拍摄效果如图1-24所示。

（2）**侧光**：光源的照射方向与相机的拍摄方向呈90度左右的状态，因此被摄对象受光源照射的一面非常明亮，而另一面则比较阴暗，画面的明暗层次感非常分明，可以体现出一定的立体感和空间感。拍摄效果如图1-25所示。

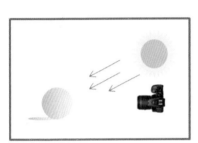

图1-24　顺光示意图和拍摄效果

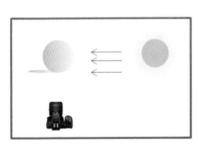

图1-25　侧光示意图和拍摄效果

（3）**前侧光**：从被摄对象的前侧方照射过来的光线，同时光源的照射方向与相机的拍摄方向成45度左右，如图1-26所示。这样的光线下，画面的明暗反差适中，立体感和层次感都很不错。

（4）**逆光**：从被摄对象的后面正对着镜头照射过来的光线，如图1-27所示。逆光可以产生明显的剪影效果，从而展现出被摄对象的轮廓。逆光在电商短视频中并不常见，如果一定要用，那么建议同时给主体的正面进行补光，让主体能够看清，并在逆光下营造出一种特殊的氛围感。

（5）**顶光**：从被摄对象顶部垂直照射下来的光线，与相机的拍摄方向形成90度左右的夹角，如图1-28所示。顶光可以使主体下方留下比较明显的阴影，往往可以体现出立体感及分明的上下层次关系。

（6）**底光**：也可以称为脚光，是指从被摄对象底部照射过来的光线，如图1-29所示。底光通常为人造光源，容易形成阴险、恐怖、刻板的视觉效果。

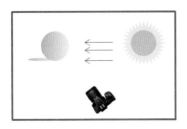

图 1-26　前侧光示意图

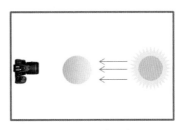

图 1-27　逆光示意图

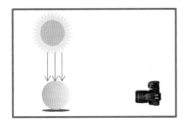

图 1-28　顶光示意图

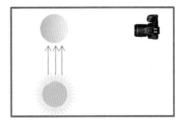

图 1-29　底光示意图

▶ 1.3.5　让内容呈现效果更加和谐统一

商家在构思电商短视频的美工设计时，首先要确定短视频的整体风格，然后选择合适的设计模板或美工团队进行设计，这样才能使美工设计事半功倍。

什么是短视频的风格呢？各种电商平台上有千千万万的用户，他们的喜好都不尽相同。但平台上存在很多有共同爱好的用户群，商家可以通过特定的短视频风格来吸引这些用户群，而短视频风格也是目标消费群体的共同爱好的一种体现。

商家之所以打造统一的短视频风格，主要是因为要实现以下两个目标。

▶ 提升短视频的整体美观度。

▶ 吸引更多的目标消费群体。

图1-30所示为汉服带货的短视频，不管是场景的选择、道具的搭配，还是后期的调色处理，都具有复古风格。这样的短视频对于喜欢复古风的用户非常具有吸引力。

图 1-30　复古风短视频示例

当商家确定产品特色、用户画像和内容定位后，接下来即可根据这些元素塑造统一的短视频风格。图1-31所示为4种常见的电商短视频风格。商家可以从有共同爱好的用户群的关注点出发，规划电商短视频的美工设计思路，做好用户的第一印象视觉营销，让用户被特定的设计风格吸引，进而关注短视频账号或购买产品。

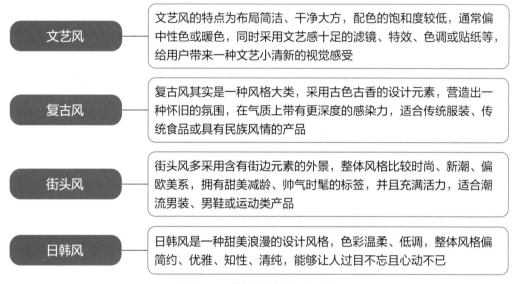

文艺风	文艺风的特点为布局简洁、干净大方，配色的饱和度较低，通常偏中性色或暖色，同时采用文艺感十足的滤镜、特效、色调或贴纸等，给用户带来一种文艺小清新的视觉感受
复古风	复古风其实是一种风格大类，采用古色古香的设计元素，营造出一种怀旧的氛围，在气质上带有更深度的感染力，适合传统服装、传统食品或具有民族风情的产品
街头风	街头风多采用含有街边元素的外景，整体风格比较时尚、新潮、偏欧美系，拥有甜美减龄、帅气时髦的标签，并且充满活力，适合潮流男装、男鞋或运动类产品
日韩风	日韩风是一种甜美浪漫的设计风格，色彩温柔、低调，整体风格偏简约、优雅、知性、清纯，能够让人过目不忘且心动不已

图1-31　常见的电商短视频风格

1.3.6　设计风格统一的字体元素

字体在短视频中的作用非常大，能够体现出一定的情感，从而打动用户，让用户对产品产生某种认同感或归属感，是塑造短视频风格和视觉效果的重要元素。

短视频美工设计中，文字的表现与视频内容的展示同等重要。文字可以对产品信息和界面功能等进行及时的说明和指引，并且通过合理的设计和编排，可以让信息的传递更加准确，有效提升视觉营销的效果。

字体在电商短视频中随处可见，不同的字体类型可以传达出不同层次的信息，让用户快速抓住商家要表达的要点。同时，商家还可以让用户从字体中感受到一种独特的设计风格，如可爱、优雅、简洁、古典等。

常见的字体风格有线型、手写型、书法型及规整型等。不管是何种字体，其本身都具有一定的情感。商家在选择字体时，一定要符合电商短视频本身要表达的内容和精神，让设计风格表里如一，增强文案的感染力。

当然，电商短视频中的文字变化形式也可以不拘一格。商家可以根据文字本身的结构进行创意设计，以增强文字的美观度和装饰性。设计电商短视频的文字效果时，商家可以巧用字体、字号、颜色、粗细、边框、描边和底纹等。这样不仅可以使文字更具有层次感，而且可以使文字信息在造型上富有乐趣感，同时还可以给用户带来一定的视觉舒适感，让用户更加快捷地接受文字信息。相关示例如图1-32所示。

设计电商短视频中的文字效果时，商家要谨记，文字不但是传达视觉营销信息的载体，同时也是画面中的重要元素。因此必须保证文字的可读性，以严谨的设计态度实现新的突破。通常，经过艺术设计的字体，可以使文字信息更形象、更有美感，更有助于用户铭记于心。

图 1-32　层次感强的文字设计示例

 ## 1.3.7　电商短视频的图案设计技巧

电商短视频中的图案设计主要包括各种装饰元素、模特形象和IP（Intellectual Property，知识产权）形象等。统一的风格设计有助于提升短视频账号或品牌的影响力，增强用户黏性，以及提升产品的转化率和复购率。

1.　装饰元素

装饰元素会影响电商短视频的整体设计风格。例如，在中秋节期间，可以在短视频中增加月亮、祥云、灯笼等装饰元素，从而更好地烘托节日氛围，强化视频风格，如图1-33所示。

图 1-33　装饰元素的设计示例

2. 模特形象

每个产品都有自己的特定消费群体，他们通常会形成共同的审美认知。因此，商家需要找到符合产品风格定位的模特，这样更能够满足消费群体的感官体验和想象，从而增强电商短视频的引流能力和转化效果。

3. IP形象

有些店铺还为自己的品牌打造了专门的IP或宠物形象，如三只松鼠、白猫、超威、叮当猫等品牌店铺的Q萌卡通形象等，运用这些常见的动物形象有利于加深用户对品牌或短视频账号的印象。

1.3.8 电商短视频的配音技巧

短视频电商美工设计中，声音也是不可忽视的元素，尤其是在特定的产品与场景下，声音对于短视频上热门甚至起决定性的作用。当然，这里的声音其实是一个总称，它包括短视频的背景音乐、人声录音、背景音效、合成语音及产品使用过程中实时采集的声音等。

大家在刷短视频的时候，可能会有深切的体会，那就是很多短视频的音乐会让人很"上头"。而当我们关闭声音后，就会发现这个短视频好像少了什么，代入感瞬间就没有那么强烈了。

图1-34所示为一个服装带货短视频，大家会发现一个有趣的现象，那就是声音会在不知不觉中带着大家看完这个短视频。大家可能对视频内容没有兴趣，但由于声音与画面的匹配度很高，结果有效地提升了短视频的完播率。

图1-34 服装带货短视频

另外，商家也可以从产品或场景等方面去延展视频的意义，然后匹配一个与这个意义相符且调性一致的音乐。图1-35所示为一个旅行广告短视频，展示的是海岛、海浪、大海等。选择《南半球与北海道》的高潮部分作为背景音乐，音乐节奏轻快、富有动感，与画面的适配度高，能够将用户快速代入视频场景中。

图 1-35 旅行广告短视频

第 2 章

电商短视频的视觉风格设计与效果打造

视觉美化是短视频电商美工中常用的一种方式,它不仅能够帮助商家设计出个性化的视频画面效果、营造出强烈的消费氛围、促进用户下单、提升产品的销量,还能为商家打造品牌、塑造自身形象。

2.1 账号的视觉风格包装

商家或达人如果要做电商短视频,首先要对自己的短视频账号进行包装设计,打造出个性化的视觉风格。这样才能更好地吸引用户的关注,并且获得用户的信任,让用户认为发布视频的人确实是某行业的专家。这样一来,所发布的电商短视频才会得到一批忠实用户的支持,流量和转化率自然都不会太低。

2.1.1 人设打造

对于短视频来说,不管是普通短视频还是电商短视频,打造人设都是做短视频账号的第一步。那么,为什么要打造人设呢?首先大家可以思考这样一个问题:在短视频平台上,大家最喜欢看哪些视频,或者说最容易受到哪些人的影响?对于这个问题,可能每个人的答案都不一样。

对于很多人来说,当他们去了解一个自己不感兴趣的产品时,通常会将品牌作为第一选择依据,其次就是视频中出现的人。如果这个人能够帮助用户快速了解产品或相关的"避雷"知识,那么这个人的专业性同样会让用户感到信服,这就是人设在电商短视频中的重要性。

短视频平台上,人设主要是通过账号的主页、头图、头像、名称、简介、内容题材和直播风格等来体现的。对于电商短视频来说,通常可以分为图2-1所示的几种人设。

实体店商家	其优势在于有门店、产品款式多、迭代更新快，能够给人带来极强的真实感；问题在于库存较少、批发为主、拿货价格略高
工厂商家	其优势在于自有工厂和仓库、价格较低、品类多、质量有保障；问题在于如何拍好视频，以及让用户相信自己是工厂商家
品牌店商家	其优势在于品牌信赖感强、产品结构齐全、性价比高、质量有保障；问题在于需要商家高度统一自己的店铺形象和品牌形象
带货达人	其优势在于拥有丰富的短视频拍摄和直播带货经验，同时人设信赖感极强；问题在于如何将自己的人设与产品进行结合，做出让用户更容易接受的带货内容

图 2-1　电商短视频的常见人设

2.1.2　主页定位

主页相当于短视频账号的门面，也可以看作实体店的门面。如果主页整体做得比较好，即可给用户留下不错的第一印象。以抖音为例，短视频的主页定位主要包括头图、头像、名称、简介和视频封面等，如图2-2所示。其中，简介非常重要，这通常是用户进入主页后对账号的第一印象。

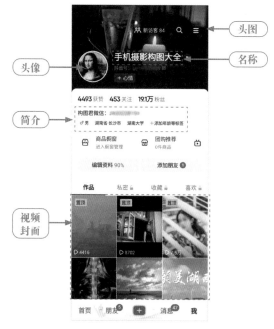

图 2-2　抖音短视频的主页

2.1.3 头图设计

头图是指短视频账号个人主页最上方的图片，是主页中面积最大的广告宣传位，因此要充分利用头图这个位置。头图上可以放置门店实景图、人物照片、关注引导图、品牌Logo或产品图片等。图2-3所示为"华为终端"抖音号的头图，放的就是主推产品图片，能够很好地给产品做宣传。

图2-3 "华为终端"抖音号的头图

2.1.4 头像设计

短视频账号的头像可以体现出人物性格或产品调性，通常可以采用以下几种图片作为头像。

▶ 采用人设照作为头像，可以让人看上去有一种亲切感。

▶ 采用动漫图片作为头像，可以给人带来比较可爱的感觉，如图2-4所示。

▶ 采用产品图片作为头像，可以让人一目了然地看出账号是卖什么产品的，如图2-5所示。

图2-4 用动漫图片作为头像

图2-5 用产品图片作为头像

▶ 采用品牌Logo图片作为头像，可以让人一眼就看出账号是官方账号或品牌授权店账号。

这里主要讲解用品牌Logo作为短视频账号头像的设计要点。品牌Logo的美感与吸引力，同样决定了品牌给用户的第一印象。一个有吸引力的品牌Logo，可以让用户更愿意深入了解相应账号的内容。很多品牌Logo采用简单的文字来设计，如选取品牌名称中的文字，并根据品牌特性对字体的笔画与整体骨架重新进行调整设计，从而产生视觉差异化。"小米手机"抖音号的品牌Logo头像就是采用了文字设计品牌Logo的设计风格，如图2-6所示。

图2-6 "小米手机"抖音号的品牌 Logo 头像

用户对这种品牌文字通常比较敏感，可以降低用户的认知成本，增强品牌的曝光度，其优点和缺点如图2-7所示。商家还可以在品牌Logo中加入一些风格化的设计，如极简风、手绘风、拼接风、渐变风和摄影风等。

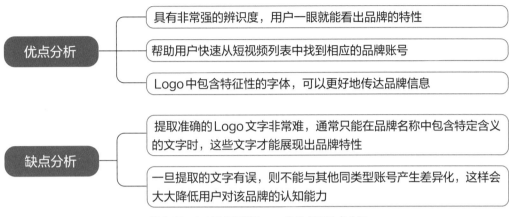

优点分析
- 具有非常强的辨识度，用户一眼就能看出品牌的特性
- 帮助用户快速从短视频列表中找到相应的品牌账号
- Logo中包含特征性的字体，可以更好地传达品牌信息

缺点分析
- 提取准确的Logo文字非常难，通常只能在品牌名称中包含特定含义的文字时，这些文字才能展现出品牌特性
- 一旦提取的文字有误，则不能与其他同类型账号产生差异化，这样会大大降低用户对该品牌的认知能力

图 2-7 文字风格品牌 Logo 的优点和缺点分析

2.1.5 名称设计

好的短视频账号名称通常能够给用户带来眼前一亮的感觉。下面列出了名称设计的常用模板。

▶ 好记的昵称+行业/职业属性，如"雅怡服饰"。

▶ 产品/品牌+旗舰店，如"××品牌旗舰店"。

▶ 地域+产品类目，如"上海××服装"。

▶ 门店名称，如"时尚之美服装店"。

注意，名称中千万不要使用毫无意义或难以理解的英文、字符或数字等，否则不仅难记，而且会错过很多宣传曝光的机会。大家在给电商短视频账号取名时，注意以下事项。

（1）**不要让人产生误会**。名称千万不要夸大宣传，而且个人账号不可用官方命名。如果没有得到官方的授权，切不可在名称中带上相关标识。

（2）**不能含有联系方式**。名称中不能包含电话号码、电子邮箱、网址、二维码、QQ号及微信号等联系信息。

（3）**规避政治敏感问题**。政治敏感问题包括但不限于国家领导人姓名、政党名称及党政机关名称等。即使你跟国家领导人同名同姓，也不可以用作账号名称。

总之，电商短视频的账号名称需要有特点，而且最好和账号定位相关，基本原则如图2-8所示。

好记忆	名称不能太长，否则用户不容易记忆，通常3～5个字即可。取一个具有辨识度的名字可以让用户更好地记住你
好理解	账号名称可以跟自己的领域相关，或者能够体现身份价值，同时注意避免生僻字，通俗易懂的名字更容易被大家接受
好传播	账号名称还要有一定的意义，并且易于传播，能够给人留下深刻的印象，有助于提高短视频账号的曝光度

图 2-8　设置电商短视频账号名称的基本原则

📲 2.1.6　简介编写

电商短视频的账号简介通常采用"品牌介绍＋从业经验＋利益价值＋直播预告"的编写模板。例如，"从业经验"可以写"资深实体店经营""源头工厂""品牌创始人""创业达人"等，"利益价值"则可以写"物美价廉""省去中间商赚差价""跟我们学××""品牌好货"等，相关示例如图2-9所示。

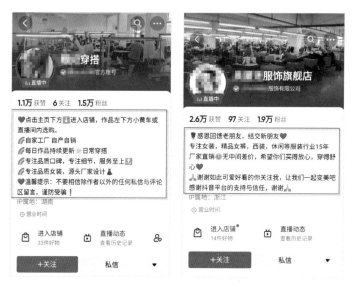

图 2-9　短视频账号的简介示例

电商短视频的账号简介以简单明了为主，主要原则是"描述账号＋引导关注"，基本设置技巧如下。

▶ 前半句描述账号的特点或功能，后半句引导关注。

▶ 明确告诉用户当前账号的领域或范畴。

▶ 商家可以在简介中巧妙地推荐带货直播间或主推产品。

2.2 视觉内容设计技巧

随着短视频电商行业的迅速崛起，如何在短视频中进行视觉营销来提高品牌的知名度、创造利益，不仅是商家关注的重点，同时也是难点。商家只有注重短视频的视觉内容设计，才能保证良好的营销效果。

 ### 2.2.1 产品视觉化设计

拍摄产品的视频素材时，一般要突出主题或卖点，通过富有创意的视觉设计来吸引用户眼球，让他们感觉有东西可看。有时将产品通过特殊的方式排列，会形成富有创意的视觉效果，如超市或大型卖场中用产品搭建卡通人物、建筑模型等。

在电商短视频的产品视觉设计中，商家也可以采用这种方式，通过富有创意的排列组合，带给人们非同一般的视觉享受，相关示例如图2-10所示。这种特殊排列方式的优势是吸引用户的注意力、与活动主题相契合、突出产品的特色。

图2-10 富有创意的产品排列组合

此外，电商短视频的产品视觉设计必须蕴含丰富的"视觉灵魂"。这样不但可以起到辅助销售的作用，还能具备一定的营销属性，促进品牌的推广。图2-11所示为儿童山地车的主图视频，以幽静、深远的深蓝色作为产品和背景的主色调，整体看上去具有一定的视觉冲击力，有助于提升转化效果。

图2-11 儿童山地车的主图视频

 ### 2.2.2 短视频中的文案视觉化设计

设计电商短视频中的文案效果时，不但要明确主题，还要在视觉表达上突出主题，让用户快速

接收视频要传达的信息。一般广告突出的
主题都是围绕营销展开的，因而少不了各
种优惠促销等信息，商家在设计时应重点
突出这些要素。

图2-12所示为自助餐的抖音团购视
频，视频的设计主要突出了美食的特性，
营造了一种看上去很有食欲的氛围。文案
的设计则包括两部分：标题文案重点强调
团购价格；视频文案则进一步强化了营销
的力度，能够提升用户购买的兴趣。

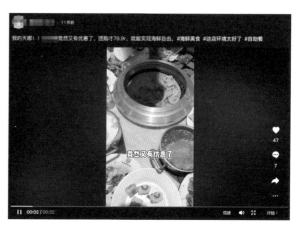

图2-12　自助餐的抖音团购视频

在突出主题的时候，文案设计还要
注意一些事项，不然只会造成混乱的视觉效果，具体如下。

▶ 内容要大于形式，不拘一格。

▶ 细节不可过多，要专注于整体的设计。

▶ 主次分明，要将轻重缓急分清楚。

策划电商短视频的文案内容时，创作重点主要是以店铺和产品为中心。例如，店铺在推出新品时，
文案需要以新品的卖点为主，如果没有卖点就打造卖点，从而让短视频能够吸引用户的注意力。

商家可以从视频和文案的视觉效果方面进行优化，使其能够快速抓住用户的心理需求，吸引他
们点击购物车和促进下单。同时，文案中要尽量将产品的所有卖点和优势都凸显出来。图2-13所示
为充电器的主图视频，用户购买充电器的一般需求就是充电快，同时质量有保障，该视频中的文案
就是紧扣这两点需求来策划的。

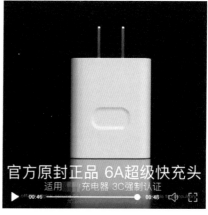

图2-13　充电器的主图视频

文案设计的主要作用是让店铺和产品的亮点凸显出来，不同类型的文案都是为了提升产品销量

而设计的。因此，如何在第一时间吸引到用户，让用户心甘情愿地下单，是商家设计文案时需要重点思考的问题。

电商短视频的文案相当重要，只有踩中用户痛点的文案才能吸引他们下单。商家可以多参考小红书等平台中的同款产品，找一些与自己所销售的产品特点相匹配的文案，这样能够有效提升文案创作的效率。

2.2.3 注重细节，抓住用户消费心理

视觉营销（Visual Merchandising，VM或VMD）对于短视频电商美工来说，就是视频的展示效果设计，这是给用户的第一印象。只有将视频内容做好，才能给用户留下好的印象。下面介绍一些短视频电商美工的细节设计技巧，以帮助商家更好地通过视觉设计来抓住用户的消费心理。

1. 陈列信息的布局

当人们面临太多选择时通常都会难以抉择，从而造成疲于选择的后果。杂乱的信息分布，以及没有条理的产品摆放，都会让用户难以分辨产品的重点信息，从而失去点击和购买产品的欲望。

一般而言，陈列信息的视觉布局如果能给用户呈现一种清晰、明确、舒适的视觉感受，则会对电商短视频的点击率等数据产生潜在影响。

2. 重点信息的突出

用户在刷短视频时，停留在一个视频上的时间极短。当他们发现视频中提供的信息没有吸引力、缺乏观看价值时，就会快速跳过该视频。根据这一心理，商家必须在用户短暂停留的时间内，将具有吸引力的视觉信息传送给他们。

要做到这一点，就要求商家在进行视觉设计时，将营销活动的重点信息放在视频中的显眼位置，从而在有效的视觉范围之内凸显重要的活动信息。

一般而言，短视频是有界限的，而画面中内容所处的位置代表了它的地位。重要的信息常常被放在显眼的位置，而次要的信息则被放在角落。因此，在进行视觉设计时，要尽量将重要的信息放在视频中间，将想让用户一次性看完的信息放在一起，避免分开。

3. 视频场景的代入

用户在刷短视频时，常常会不自觉地被与自身高度契合的视觉内容吸引。这种情况的出现其实就是用户把自己代入了视觉化的场景中，特别是当画面场景与用户心理高度符合的时候，营销效果就会更加显著。

因此，商家在进行视觉设计时，先找准目标用户，然后对产品进行准确的定位，最后根据定位和用户来进行设计。图2-14所示的短视频是专门针对中老年女性进行的服装推荐。通过视频场景的代入来展示产品的各种卖点和特色，画面和文字都非常具有吸引力。

在短视频电商美工的视觉设计中，场景的代入需要利用用户的感性心理，让他们在看到视频后就能产生情感共鸣，从而对产品产生好感。要做到这一点，就需要商家在设计视觉效果时把握好场景和产品的契合度，尽量选择恰当的场景，继而从视觉效果中传达出自己的品牌理念及产品特色。

图 2-14　场景代入的短视频示例

4. 凡事至简的设计

凡事至简其实是很难做到的，而简洁对于打造视觉营销效果而言也是重要的原则之一。实际上，用户都比较喜欢简洁而且看着不费力的视觉效果，这样能够更加快速地获取他们想要的信息。

5. 通感效应的利用

人不同感官的感觉，如视觉、嗅觉、听觉、味觉、触觉等，其实是可以通过联想的方式联系在一起的，而各种感觉相互渗透或挪移的心理现象就被称为"通感效应"。

商家在进行视觉设计时，可以利用通感效应来打造逼真的视觉效果。尤其是食物类的产品，如果将视觉效果打造得格外细腻、逼真，或者看起来让人垂涎欲滴，就能够达到营销的目的。图2-15所示为看起来十分美味的美食视频效果。

图 2-15　看起来十分美味的美食视频效果

2.2.4　大幅提升视觉设计形式美感

"形式充满美感"这句话听起来比较笼统，简洁、大气、美观等词语都适用于美感，那么在短视频电商美工的视觉设计中，具体如何做才能达到画面充满美感的视觉效果呢？下面将从不同角度进行介绍。

1. 字体的选择

通常情况下，不同的字体会产生不一样的视觉效果，同时也会传递出不同重要程度的信息。除了字体的粗细外，还有不同字体的组合，都能使画面更为丰富，吸引用户的眼球。图2-16所示为一个水上乐园的团购视频，各种不同的字体形成碰撞、融合，在画面里展现出来，让主次信息非常分明。

图 2-16　水上乐园的团购视频

2. 按钮和箭头的设计

许多电商短视频中都会出现引导用户进行购物的按钮或箭头。这样做，一是为了方便用户直接进入购物页面；二是为了暗示，起到凸出营销信息的作用。图 2-17 所示为沙发的带货视频，可以看到其中添加了引导箭头，能够起到引导用户点击购物车并下单的作用。

图 2-17　运用箭头进行引导

3. 气氛的营造

利用视觉效果进行营销时，可以通过视频画面中的字眼来营造紧张的气氛，从而引起用户的注意，让他们主动进行购物。例如，商家可以在视频中添加"限时秒500份，赶紧冲""还不赶紧带上你的亲朋好友来打卡""无辣不欢的你可别错过啦""188限时折扣速抢"等文案。

2.2.5　通过视觉设计提升转化效果

视觉设计作为电商短视频的重要营销手段，需要商家不断推陈出新，根据热点来提升视觉营销的效果，进而提高产品的销量。下面介绍一些能够有效提升电商短视频转化效果的视觉设计技巧。

1. 宣传文案：要极具吸引力

电商短视频中的广告是相当重要的一部分，它承载着提高转化率的主要责任。而将提炼出来的产品卖点通过视觉效果表现出来，则是美工较好的操作方法。

选择极具吸引力的宣传文案与视频进行组合，将有利于突出产品的卖点，增强产品的竞争优势。图 2-18 所示的电商短视频中，文案内容极具吸引力，同时与视频画面的结合也相得益彰，能够很好地吸引用户的注意力。

2. 宣传方式：讲述产品卖点

将产品卖点视觉化的时候，商家可以选择一些新颖的宣传方式来突出产品的卖点，从而提高产品的转化率。例如，利用卡通形象或第一人称的方式来讲述产品卖点，如图 2-19 所示。

图 2-18　文案和画面的结合相得益彰　　　　图 2-19　用第一人称的方式讲述卖点

3. 展示原料：增强用户信赖感

还有一种将产品卖点视觉化的方法，就是在展示产品的同时，把制作产品的原料也展示出来，让用户对产品的质量更加信赖。值得注意的是，制作原料不能简单地摆放在视频中，而是要在展示产品全貌的同时，将其原料作为画面的点缀元素或背景，这样不仅可以为用户带来强烈的视觉冲击力，还能进一步突出产品的特征，增强用户对产品的记忆，这也是卖点视觉化的技巧。

电商短视频的视觉设计需要商家进行认真的考虑，不仅要简单罗列产品的卖点，还要将卖点融入视觉效果中，让用户从视频和文案中感受来自产品的双重冲击。

4. 主题视觉化：吸引用户注意

在电商短视频的美工设计中，主题方案与视觉设计是密不可分的，因为一般都是根据方案的主题来对视频进行视觉化设计的。这样做的途径有很多，可以利用的工具也很多，不同主题方案之间的区别不过是素材、颜色及对比等设计技巧的不同罢了。图2-20所示为某店铺的"年中盛典"活动短视频，不仅体现了活动主题，还列出了相关的活动玩法和价格优惠幅度。

图 2-20　主题视觉化的短视频设计示例

专家提醒

很多商家在运用视觉营销时，都无法精准地把握主题风格的设计。这样不仅无法给用户带来视觉上的享受，还可能让用户无法理解或产生反感和抵触心理。如果电商短视频的视觉设计太过杂乱，如背景杂乱、文字杂乱等，就无法让用户看第一眼就产生好感，更不用说让用户对产品产生信任感了。

2.3　美工视觉效果打造

对电商短视频的视觉营销而言，视觉效果的打造是美工运营中不可缺少的一环。因为要想获得用户的认可，商家就应该从视觉效果做起。

2.3.1　视觉效果定位

视觉效果定位对电商短视频而言，是吸引特定消费人群时需要重点考虑的问题。比如在传统的零售业中，用户会根据店铺的视觉设计来决定是否进行购物。

有的商家主要为了凸显品牌和质量，在视觉设计上偏重于品牌的传播；而有的商家则为了促进产品的销售，大力吸引流量，会以薄利多销的策略来进行视觉设计。面对不同类型的商家，需要进行不同的视觉设计，以达到精准营销的目的。下面主要介绍营销型视觉定位和品牌型视觉定位的方法。

先来看营销型视觉定位。一切都是为了提高产品的销售，因此就会在视觉效果的设计上大做促销、优惠的文章，具体的做法如图2-21所示。

突出优惠 —— 将具体的优惠力度通过数字等视频字幕形式表现出来。此外，在字体的颜色、大小上做文章

营造氛围 —— 在视频中努力营造促销和优惠的氛围，如重点突出活动，运用色彩、字体等打造视觉效果

引起围观 —— 在视频中用色彩对比、字体加粗等方法引起用户的关注，打造产品被众人围观的爆款效应

图 2-21　营销型视觉定位的具体做法

图2-22所示为侧重于营销的视觉设计示例，重在向用户传达满减优惠活动。如果视觉效果中有效传递了营销信息，就会提升吸引用户继续观看视频中的其他信息的概率。

图 2-22　侧重于营销的视觉设计示例

再来看品牌型视觉定位。既然是主打品牌，那么在视觉效果上就应该重点凸显品牌优势，具体的做法如图2-23所示。

突出价值 —— 弱化价格的视觉效果，如用比较淡的颜色、小字体等，然后重点突出产品的特色，转移用户的注意力

简约设计 —— 视觉设计要大气、简单，与线下品牌尽量保持一致，突出店铺的客户服务、产品质量和库存数量等优势

弱化促销 —— 就算有促销活动，也不宜大张声势，以免过大的促销力度或者过低的价格让用户对品牌产生不信任感

图 2-23　品牌型视觉定位的具体做法

用户在购物之前，都会对电商短视频的视觉设计有一个大体的印象。因此商家要先规划好短视频的运营模式和大致方向，然后对短视频的视觉效果进行定位，从而传递出较好的视觉效果。

专家提醒

有的商家并没有对自己进行准确的营销型与品牌型的界定，这时商家就需要根据自己的情况对电商短视频的视觉效果进行定位。例如，将产品优势放在显眼的位置上，然后展示促销信息；也可以把促销活动的优惠力度放在短视频的最前面，然后介绍具体的活动内容。

2.3.2 结构布局优化

电商短视频的结构好比建一栋房子，在打好基础的同时还要对其进行合理的布局。有些电商短视频的结构层次分明，介绍的产品卖点也井然有序，用户一眼就能找到自己需要的产品；而有些电商短视频的结构则非常杂乱，不仅没有层次，还有可能重复展示某些产品信息。如果刷到这两种短视频，你会选择看哪个视频，并在其中进行购物呢？答案是显而易见的，任何人都喜欢排列一目了然的信息，轻松又不费时。由此可见，电商短视频结构的合理设计有多么重要。

电商短视频的结构布局就好比购物场所的构造，都是为了给用户提供舒适、方便的消费环境，让他们从消费中获得愉悦的感受。

对于短视频电商美工来说，视觉效果的好坏，决定了用户是否留下。商家要想在短短的十几秒内吸引用户的注意力，就要利用视觉设计传达出有效的信息，让用户不至于因感到乏味而跳过你的短视频。

2.3.3 需要注重审美性

如今，随着人们审美能力和审美情趣的提高，电商短视频的视觉传达必须紧跟时代美学观点，运用一定的审美性原则来进行视觉设计。审美性与人的关系是非常紧密的，艺术设计最终的服务对象仍然是人。因此，电商短视频的视觉设计需要体现一定的人文关怀，具体方法如图2-24所示。

```
                    ┌─ 运用视觉元素形成视觉语言，同时要充分传达信息
                    │
  体现人文关怀的     ├─ 确保信息的准确表达，并在其中融入视觉的审美性
  视觉设计方法  ─────┤
                    ├─ 通过视觉包装让形象得到完美展示，创造更多商机
                    │
                    └─ 关注人的本质力量和人文精神，体现审美性的深度
```

图 2-24 体现人文关怀的视觉设计方法

2.3.4 视觉内容打造

利用视觉营销促进产品销售时，商家要明确自己到底将打造什么样的视觉效果，在做短视频的美工设计时应该注意哪些问题。

很多商家在做短视频的视觉设计时没有清晰、明确的思路，或者考虑的因素并不全面，这就造成了视觉混乱的结果。而真正成功的视觉设计，是需要优质的美工作为支撑的。因此商家需要注意图2-25所示的事项。

简洁明了	电商短视频的整体视觉效果要一目了然，绝不能杂乱无章，向用户传递重要的信息即可
字体合理	商家千万不要使用太过夸张或辨识困难的字体，一切从简，尽可能地降低用户的学习成本
真实自然	短视频中的产品和模特最好以真实自然的状态出镜，同时要与卖点密切相关
避免晦涩难懂	在视觉效果上，要让用户明白商家想要传达的意思和理念，而不是玩猜谜游戏
专业化	视觉效果要体现出专业设计水平，否则很难让用户信服

图2-25 商家做视觉设计时需要注意的事项

如果商家注意了图2-25中提到的几点事项，再对细节方面多多注意，就能打造出比较优质的短视频视觉效果，从而有效增加流量。优质的视觉内容往往具有简洁且突出重点的文字、精美且真实的画面，这也是它能够吸引用户下单的原因所在。

 ## 2.3.5 视觉逻辑关系

电商短视频的视觉设计主要是针对产品的展示效果而言的，而这其中又涵盖了打造视觉效果的许多细节因素，如数据分析、逻辑顺序、产品描述、关联销售等。电商短视频的视觉效果直接关系到产品的销量，而且会对品牌的传播造成影响，因此打造好的产品视觉至关重要。

商家在对产品视觉进行优化前，要厘清电商短视频的视觉逻辑关系，不然只会造成描述混乱的现象。通常情况下，短视频中产品的成交过程主要包括图2-26所示的几个步骤。

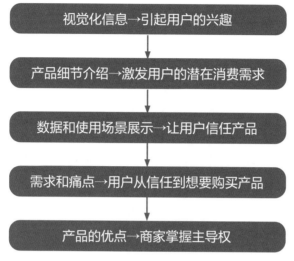

图 2-26　产品成交的过程

商家可以先通过优惠、赠送小礼品等视觉化信息引起用户的兴趣。接下来，商家可以用视频展示产品特色和相关卖点的细节内容，这一设计是为了让用户对产品形成信任感，从而激发其潜在的消费需求。展示产品的相关信息时，除了简单陈述外，最好能附上具体的数据和使用场景，这样则更具有说服力。

要想打动用户，商家还要从用户的需求和痛点出发，了解他们为什么需要这款产品。针对这一点，商家可以在短视频中介绍产品的优点，深度挖掘用户的痛点，进一步激发用户的购买欲望，让商家掌握整个交易的主导权。

专家提醒

　　值得注意的是，并非所有产品短视频视觉设计的逻辑顺序都是一致的，大家需要根据产品的不同类型及时间点进行区分，才能达到视觉设计的较好效果。

2.3.6　通过视频准确表达视觉信息

　　视觉营销过程归根结底是信息传递的过程，即利用效果较好的视觉表达方式向用户传递有关信息，引起用户关注，最终达到营销的目的。因此，在电商短视频的视觉营销过程中，视觉信息表达要准确、到位，相关技巧如下。

1. 视觉时效性：抢占用户的第一印象

时间在视觉营销中占据着举足轻重的地位，因为时间的把握对视觉效果的打造和推出时间的确定很重要。在这个信息爆炸的时代，短视频中的信息不仅繁杂，而且发布、传播很快。要想引起用户的关注，就要抢占最佳时机，做到分秒必争。

2. 视觉利益性：锁定第一利益敏感词

要想利用视觉效果传递用户感兴趣的信息，首先要锁定用户的基本利益需求。一般而言，用户在刷短视频时，如果看到了"赠送""优惠""免费"等字眼，就容易被激发利益心理，关注视频及视频中提到的产品和活动，从而提高短视频的点击率，如图2-27所示。

图 2-27　视觉利益性设计的短视频示例

3. 视觉信任感：加入最佳的服务信息

基于在线购物的虚拟性，很多用户对产品及商家缺乏足够的信任感。因此用短视频传达信息时，加入售后服务热线和退货服务等信息，能够让用户放心购物，提高产品的转化率。

在视觉营销的过程中，商家要为用户提供真实可信的产品信息及相关产品服务信息，从而增强用户对产品及商家的信任度，最终提高产品的销售额。另外，在视觉营销中加入最佳的服务信息，有利于增强用户对商家的好感，扩大品牌影响力。

4. 视觉认同感：利用名人提升好感度

传达视觉信息时，企业和商家可以利用大家喜爱的演员、歌手或名人来获得用户的认同、提升用户的好感度，从而使用户更多地关注产品的营销活动，最终提高产品销售量，达到视觉营销的目标。

5. 视觉价值感：抓住用户取向和喜好

短视频要准确地传达信息，并且分配给每个镜头的具体任务要清楚，而做好这些工作的基础是要深度了解目标受众的取向和喜好，体现视觉信息的价值感。在短视频中传达信息时，可以直接注明重要信息，并加上数字序号，以起到突出强调的作用，如图2-28所示。值得注意的是，标注的信息要注重语言的提炼和核心信息点的传达。

图 2-28 通过数字序号来强调信息

6. 视觉细节感：重点突出，细节到位

在传递视觉信息时，商家要注重视觉细节准确、到位，这里的细节到位并不是说面面俱到，越详细越好。因为手机或电脑屏幕的范围有限，所以用户能够接受的信息也是有限的，如果一味地追求细节，就会陷入满屏的信息中，无法凸显重点。那么，怎样才能让视觉细节表现到位呢？笔者总结的方法如图 2-29 所示。

让视觉细节表现到位的方法 ── 突出打折、新品等重要的视觉信息

颜色对比要协调，避免无关的信息

图 2-29 让视觉细节表现到位的方法

专家提醒

人是不可能看到所有的细节的，因此视觉设计只要突出想要传达的信息即可。多余的细节只会造成视频画面的混乱，影响用户对重要信息的摄取，继而导致视觉营销效果变差。

PART 02
第二篇

视频拍摄篇

第 3 章

拍摄脚本的策划步骤、技巧与镜头表达

视频的画面形象、生动，而且不容易受到其他同类产品的影响，因此视频带货的转化率比其他内容形式更高。本章将介绍电商短视频拍摄脚本的策划技巧，帮助商家高效地进行带货，获得更多的粉丝和收益。

3.1 脚本的策划步骤

电商短视频的拍摄脚本是指通过事先设计好的剧本和环节，整理出大致的视频拍摄流程。同时，将每个环节的细节写出来，包括在什么时间和谁一起做什么事情，以及说什么话等。通过短视频不断引导用户收藏产品和下单购买，以及实现账号增粉等目的。

下面主要介绍电商短视频拍摄脚本的策划步骤，分别为挖掘产品卖点、筛选产品卖点、罗列产品卖点并写入脚本，掌握这几步即可轻松拍出优质电商短视频。

3.1.1 挖掘产品卖点

先将产品的卖点全方位地挖掘出来，最重要的一点就是"全"，即将我们可以想到的卖点全部罗列出来。商家可以从产品、优惠、服务这3个方面入手，对产品的卖点进行挖掘，如图3-1所示。

产品	产品的外观、功能、材质、属性、品牌等，如拉杆箱的外观时尚、自由变换方向、内部多分区等
优惠	如买一送一、多件优惠、满减活动、优惠券、拼单返现、限时限量购、限时免单、评价有礼、先用后付等
服务	如退货免运费、全国联保、全国包邮、送货安装、极速发货、极速退款、7天无理由退换货、只换不修等

图 3-1　卖点挖掘的 3 个方面

图3-2所示的晾衣架视频就是围绕"承重力强"这个产品卖点来拍摄的，展示了晾衣架可以晾

晒多件衣物。

图 3-2　晾衣架视频

 ### 3.1.2　筛选产品卖点

筛选产品的卖点，就是将视频中不好展现的和不确定的因素删除，将剩下的卖点写进脚本中。商家要先在视频中营造出用户对产品的需求氛围，然后展示要推销的产品。在这种情况下，用户的注意力会更加集中，同时他们的心情甚至会有些急切，希望可以快点满足自己的需求。

例如，某款高压锅的产品卖点中，"送蒸格和百洁布"就是一个不确定因素，因为赠品送完可能就不送了，而这个视频却是要长久使用的，因此这个卖点不宜在视频中展现。而像无门槛券、满减优惠、先用后付这些卖点就不太好通过视频来展现，因此也无法在视频中展现。最终商家在视频中重点展现了产品的材质和功能等卖点，如图3-3所示。

图 3-3　卖点筛选示例

3.1.3　罗列产品卖点并写入脚本

接下来是将产品的核心卖点罗列一下，然后调换一下顺序，将重点突出的卖点和非常吸引用户的卖点写进脚本并放到前面来拍摄，做到有主有次。下面以餐盒为例，将筛选出来的8个产品卖点进行罗列并写入脚本，见表3-1。

表3-1　餐盒视频卖点及脚本

镜头顺序	卖点	字幕	景别	要求	时间/s
1	多种尺寸	多种尺寸规格	全景	展示产品外观	2
2	内部空间	享受幸福味道	全景	盛放各种食物	6
3	材质工艺	1600℃高温烧制 耐热、光滑、易清洗	特写	拍摄特写细节	6
4	密封防漏	保鲜密封盖／内置橡胶圈 四面负压锁扣 经久耐折 密封不漏水	全景	倒入清水，展示产品的密封性能	10
5	耐高温	耐高温400℃无毒无害 加热时取下盖子哦~ 微波炉、烤箱适用	全景	装好食物放入微波炉，展示其用途	8
6	长效保鲜	耐-20℃低温冷藏	全景	准备多个餐盒，装好食物后将其放入冰箱	2
7	分类存储	精致分隔 不易串味	全景	不同区域装入不同食物	6
8	使用场景	工作带饭 营养丰富 水果装盘 锁住新鲜 干果存储 密封防潮	全景	不同场景下配合不同的食物和拍摄背景	6

图3-4所示为该餐盒产品视频的相关镜头，通过视频展现出产品的核心卖点，让用户快速了解该产品。

图 3-4　餐盒视频的相关镜头

当商家将产品的核心卖点罗列好并写入视频脚本后，还要思考如何通过具体的镜头和字幕呈现产品的卖点，让用户通过视频清楚地了解这些卖点。总之，优质的电商短视频脚本要符合"一全、二删、三调、四写"这4个要点。下面以一款女鞋产品为例，介绍其脚本的写作要点。

▶ 镜号：1；景别：全景；运镜方式：后拉；画面内容：整体展示鞋子的摆放效果；镜头时间：5s；表达意义：整体效果，如图3-5所示。

图3-5　整体效果展示

▶ 镜号：2；景别：全景；运镜方式：固定；画面内容：模特穿上鞋子，展示试穿效果；镜头时间：3s；表达意义：穿搭效果，如图3-6所示。

▶ 镜号：3；景别：全景；运镜方式：跟随；画面内容：模特走上台阶，展示使用效果；镜头时间：5s；表达意义：使用效果，如图3-7所示。

图3-6　穿搭效果展示　　　　　图3-7　使用效果展示

▶ 镜号：4~9；景别：全景；运镜方式：固定；画面内容：模特穿上鞋子在各种环境中行走；镜头时间：9s；表达意义：运动、舒适。

▶ 镜号：10~12；景别：近景；运镜方式：横移、升降；画面内容：拍摄鞋子不同颜色的细节；镜头时间：7s；表达意义：细节做工、时尚流行，如图3-8所示。

图 3-8　细节做工展示

写好脚本后，商家就可以根据脚本思考应该怎样拍视频了。其实，将最终视频脚本写好后，拍摄过程就变得非常简单了。拍摄视频的摄影师最好选择有经验的，有条件的商家可以找一些专业的摄影师。需要注意的是，对于视频的拍摄，除了对画面构图和光影色彩的把控，以及对摄像的清晰程度有一定的要求外，摄影师本身的审美高度也是很重要的。

最后是后期部分，主要是画面的剪辑和配音。我们可以在视频中添加一些背景音乐和字幕，并根据产品的风格定位来操作。视频画面中要添加哪些元素，大家可以根据当时拍摄的内容来决定。

3.2　脚本的策划技巧

本节将带大家了解电商短视频脚本的一些策划技巧，帮助大家轻松拍出能够将产品卖断货的电商短视频。

3.2.1　挖掘用户痛点，提炼产品卖点

商家只有深入了解自己的产品，对产品的生产流程、材质类型和功能用途等信息了如指掌，才能提炼出产品的真正卖点。在拍摄电商短视频时，商家可以根据用户痛点的强弱程度来排列产品卖点的优先级，然后全方位地展示产品信息，吸引用户收藏、加购和下单。

商家在制作电商短视频脚本时，需要深入分析产品的功能并提炼相关的卖点，然后亲自使用和体验产品，通过视频来展现产品的真实应用场景。找产品卖点的4个常用渠道如图3-9所示。

商家要想让自己的视频吸引用户的目光，就要知道用户心里想的是什么。只有抓住用户的痛点来提炼产品卖点，才能让视频吸引用户下单。

产品属性	—— 在热门产品属性中挑选合适的卖点，在视频中进行展示
用户评价	—— 参考用户对自身产品的好评内容，或对竞品的差评内容
客服反馈	—— 以客服反馈中比较集中的问题作为产品卖点的突破口
其他信息渠道	—— 通过其他网络平台或渠道来收集产品数据，挖掘用户的痛点

图 3-9　找产品卖点的 4 个常用渠道

例如，女装类产品的用户痛点包括做工不佳、舒适度不佳、脱线、褪色及难搭配等，用户更在乎产品的款式和整体的搭配效果。因此，商家可以根据"上身效果＋设计亮点＋品质保障＋穿搭技巧"等组合来制作视频脚本。

3.2.2　视频脚本的重点在于展现卖点

商家找到产品卖点后，需要根据这个卖点来设计电商短视频的拍摄脚本。前文已经简单介绍了找产品卖点的几个渠道，此时商家需要根据产品卖点来规划拍摄的场景和镜头，以及每个镜头需要搭配的字幕内容。将脚本做好，能够大幅提升视频的拍摄效率。

例如，图 3-10 所示为一个运动鞋的主图视频，不仅展现了产品的细节质感，还拍摄了具有代入感的环境的镜头，充分展现了产品的卖点。

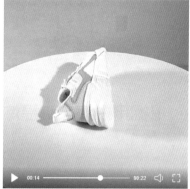

图 3-10　运动鞋的主图视频

运动鞋主图视频的拍摄脚本见表 3-2。

表 3-2　运动鞋主图视频的拍摄脚本

镜号	场景	画面内容	运镜方式
1	地面	展示运动鞋的侧面立体感	旋转并向后拉镜头

续表

镜号	场景	画面内容	运镜方式
2	白色桌面	展示运动鞋另一面的立体感	向后拉镜头
3	室内	展示模特穿鞋子后走路的场景	固定镜头
4	地面	展示产品的多种色彩规格	向前推镜头
5	室内	展示模特穿上运动鞋的灵活性	固定镜头
6	手持	展示运动鞋的做工	固定镜头
7	手持	展示鞋子内里做工的柔软性	固定镜头
8	静物台	360度旋转，展示单只运动鞋的外观	固定镜头
9	静物台	360度旋转，展示一双运动鞋的外观	固定镜头

3.2.3 高销量视频脚本的创作要点

抖音、快手等短视频平台，主要依靠视频内容的展现来吸引用户下单购买产品。因此拍摄脚本的设计尤为重要。

强大的脚本不仅可以提高产品的转化率和销量，还可以极大地提高视频的制作效率，达到事半功倍的效果。那么，高销量的视频脚本怎么创作呢？可以从以下3个方面入手，如图3-11所示。

说服力强 —— 短视频的内容五花八门，要想吸引用户的注意，就必须保证其内容可以清楚地解决用户的痛点。这就要求拍摄脚本要注重逻辑性，这样才能更有说服力，进而提升转化效果

感染力强 —— 商家在策划电商短视频的拍摄脚本时，需要摸透产品的卖点，并在视频中用这些产品卖点营造一种良好的用户体验，或者从用户的视角去创作内容，让用户产生身临其境的感觉，从而认同产品的质量和使用效果

直击痛点 —— 用户在浏览带货类短视频时，会在潜意识中寻找能够解决自身的痛点，这是一个很好的脚本切入点

图 3-11 高销量视频脚本的创作要点

例如，干性皮肤的用户，在看到补水保湿类护肤品的视频（见图3-12）时，停留的时间相对较长。由此可见，商家如果在视频脚本中直接点明产品的适用人群，就能很好地吸引这些精准用户的注意。

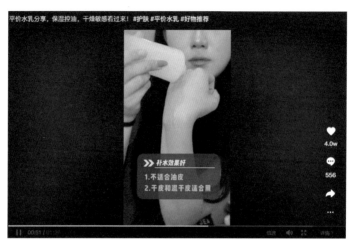

图 3-12　补水保湿类护肤品视频

3.2.4　主图视频的脚本策划技巧

在电商平台上，主图视频是用户进入商品详情页后最先看到的内容。主图视频能够多维度地展示产品的外观、细节、功能，可以让用户对产品有更多的了解，增加用户的停留时间，提高产品的转化率和收藏加购率。

图 3-13 所示为某款保温壶的主图视频，该视频很好地展现了产品的简约外观、超大容量、智能测温、锁水保温、食品级材质、多种颜色等功能和特点。

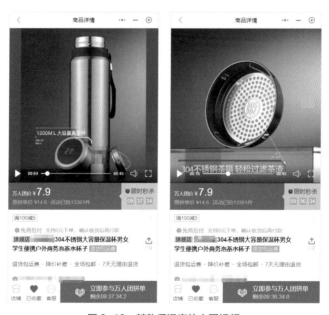

图 3-13　某款保温壶的主图视频

目前很多商家制作的主图视频质量达不到要求，尤其是在脚本策划方面存在不少误区，如图3-14所示。

主图视频脚本策划的误区

将视频当成直播，全程只有模特在说话没有其他声音

镜头的切换过快且画质不清晰，画面完全看不清楚

视频的整体时间规划不合理，产品出现得太晚

只有动态的SKU，而没有突出产品的卖点和品牌信息

直接照搬其他平台的视频，并且画面中还留有水印

图 3-14　主图视频脚本策划的误区

专家提醒

SKU是Stock Keeping Unit（最小存货单位）的简写，每款产品都有对应的SKU，便于电商品牌识别产品。

为了防止商家踩中以上误区，主图视频的拍摄要提前做好脚本策划。例如，下面是一款女士牛仔裤产品，从标题和商品参数区中即可看到关于牛仔裤的一些关键信息，如图3-15所示。

图 3-15　女士牛仔裤的一些关键信息

该女士牛仔裤的产品卖点为显高、显瘦、时尚百搭；竞品的用户痛点为掉裆、无弹力、显胖。根据"显瘦、百搭"的卖点制作的视频脚本见表3-3。

表 3-3　女士牛仔裤的视频脚本

镜号	场景	画面内容	运镜方式
1	桌面摆拍	裤腰细节展示	横移
2	桌面摆拍	牛仔裤的不同颜色展示	横移
3	桌面摆拍	裤脚细节展示	来回横移
4	外景、全景	模特上身效果原地展示	固定
5	外景、全景	模特上身效果走动展示	摇镜头
6	外景、全景	模特穿上不同颜色的牛仔裤，原地展示上身效果	固定
7	外景、全景	模特穿上不同颜色的牛仔裤，走动展示上身效果	跟随

拍摄视频时，模特尽量在镜头前多旋转和运动身体，展示出产品有弹力、不会紧绷、外形时尚、显瘦百搭的特点，如图3-16所示。

图 3-16　女士牛仔裤视频

下面总结电商短视频拍摄脚本策划的要点，如图3-17所示。

电商短视频拍摄脚本策划的要点
- 全方位地深入了解产品，提炼出产品的核心卖点
- 模拟产品的真实使用场景，让用户看到使用效果
- 以用户关心的热度为准，按照优先级排列产品卖点
- 给视频加上字幕说明，重点突出产品的卖点信息

图 3-17　电商短视频拍摄脚本策划的要点

 3.2.5　脚本策划须解决用户痛点

虽然电商短视频的主要目的是带货，但这种单一的内容形式难免会让用户觉得无聊。因此，商

家可以在拍摄脚本中根据用户痛点，给用户带来一些有趣、有价值的内容，提升他们的兴趣、增强他们的黏性。

例如，在图3-18所示的洗衣机"种草"视频的评论区中，有很多用户提出了问题，如"2000内预算，有什么好的洗衣机推荐""推荐一款洗烘套装，感谢"等。其实，这些问题就是用户的痛点。商家可以在脚本中将这些用户痛点列出来，并策划相关的内容，通过视频展示出为用户解决问题的方案。

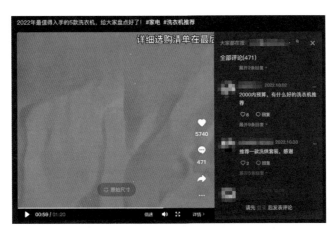

图 3-18　洗衣机"种草"视频的评论区

电商短视频并不是一味地吹嘘产品的特色卖点，而是展示出能够解决用户的痛点问题，这样用户才有可能为视频中的产品买单。视频中的产品销量不好，很多时候并不是商家提炼的卖点不够好，而是因为商家认为的卖点，不是用户的真实痛点所在，并不能满足用户的需求，所以对用户来说自然就没有吸引力了。

当然，要提高视频中产品的销量，前提是商家要做好产品的用户定位，明确用户是追求特价，还是追求品质，抑或追求实用技能，以此来指导脚本的优化设计。

3.3　脚本的镜头表达技巧

制作电商短视频的拍摄脚本时，除了产品卖点外，还需要在镜头的角度、景别及运动方式等方面下功夫。掌握专业的镜头表达技巧，能够更好地突出视频的主体和主题，让用户的视线集中在商家想要表达的产品对象上，同时能够让视频画面更加生动，更有吸引力。

3.3.1　镜头语言的表达方式

镜头语言是指将镜头作为一种语言表达方式，在视频中展现我们的拍摄意图。根据景别和视角的不同，镜头语言的表达方式也是千差万别的。对于电商短视频的拍摄脚本来说，虽然发挥的空间有限，但摄影师的创意是无限的。因此，最重要的是想法，好的镜头语言离不开好的想法。

很多专业的视频拍摄机构制作一条电商短视频通常用时很短，就是通过镜头语言来提升效率的。

镜头语言也称镜头术语，常用的镜头术语有景别、运镜、构图、用光、转场、时长、关键帧、蒙太奇、定格、闪回等，这些也是视频脚本中的重点内容，相关介绍如图3-19所示。

景别	由于镜头与拍摄对象的距离不同，主体在镜头中所呈现的范围大小也不同。景别越大，环境因素越多；景别越小，强调因素（即主体）越多
运镜	运镜即移动镜头的方式，通过移动镜头机位，以及改变镜头光轴或焦距等方式进行拍摄，拍摄的画面称为运动画面
构图	构图是指拍摄视频时，根据拍摄对象和主题思想的要求，将需要表现的各个元素适当地组织起来，让画面看上去更加协调、完整
用光	视频和摄影一样，都是光的一种艺术创作形式。光线不仅有造型功能，还会对画面色彩产生极大的影响，不同意境下的光线能够产生不同的表达效果
转场	转场就是各个镜头和场景之间的过渡或切换手法，可以分为技巧转场和无技巧转场，如淡入淡出、出画入画等
时长	时长是指视频的时间长度，常用的单位有秒、分、时、帧等。各大电商平台对视频时长的要求各不相同，通常建议控制在1分钟以内
关键帧	关键帧是指角色或者物体运动变化过程中关键动作所处的那一帧。帧是视频中的最小单位，相当于电影胶片上的每一格镜头
蒙太奇	蒙太奇（Montage）是一种镜头组合理论，包括画面剪辑和画面合成两个方面，通过将不同方法拍摄的镜头排列组合起来，以更好地叙述情节和刻画人物
定格	定格又名停格，是一种影视效果，即通过重复某一影像的方式制造出凝止的动作，使影像持续犹如一张静止的照片，从而让镜头更有冲击力
闪回	闪回通常是借助倒叙或插叙的叙事手法，将曾经出现的场景或者已经发生的事情，以很短暂的画面突然插入某一场景中，从而表现人物当时的心理活动以及感情起伏，手法较为简洁明快

图3-19 专业的镜头术语

下面以拍摄电煮锅主图视频为例，该视频的脚本主要分为"外观展示+细节展示+使用方法展示"3个部分，如图3-20所示。

图 3-20　电煮锅主图视频的"外观展示 + 细节展示 + 使用方法展示"3 个部分

值得注意的是，策划电煮锅主图视频的脚本时，需要抓住电煮锅多种功能的特点及详细的使用方法来进行展现，还要展示使用后的效果。下面对该电煮锅主图视频的脚本内容进行解析。

（1）**外观展示**。视频首先展示电煮锅的整体外观，体现电煮锅的外部包装特点。采用从特写镜头到全景镜头的方式，突出了电煮锅的健康材质。选用餐桌作为拍摄场景进行搭配展示，从而更好地突出电煮锅的用途，让视频画面看上去更加干净、清晰。

（2）**细节展示**。接下来展示电煮锅的细节特征，包括玻璃盖、蒸格、内胆、插头等部分，同样采用"全景镜头 + 特写镜头"的方式，突出展示电煮锅各部分的材质细节和容量，抓住用户关注的卖点，以更好地吸引用户下单。

（3）**使用方法展示**。采用运动镜头的方式拍摄使用电煮锅烹饪食物的具体过程，突出电煮锅拥有多种用途的卖点，让整个视频不会显得太空洞。与此同时，抓住用户购买电煮锅最直接的目的，直击用户痛点，再次刺激用户下单。

下面解析这段电煮锅主图视频的拍摄技巧。

（1）**做好准备工作**。准备好相应的食材，并确保食材新鲜干净、色彩鲜艳，这样做出的成品效果才会更好。图3-21所示为视频中所用到的部分食材。

图 3-21　视频中所用到的部分食材

（2）**多用特写镜头**。使用特写镜头可以更好地突出产品表面的细节特征，然后巧妙地搭配各种镜头、拍摄角度和运镜方式，使产品的外形、材质和功能得到充分的展现。

（3）光线自然、生动。好的光线效果可以让产品在视频画面中更具表现力，这样不仅可以明确刻画出电煮锅所烹饪的食物形状，还能创造出独特的影调氛围。

3.3.2 固定镜头和运动镜头

镜头的拍摄形式包括固定镜头和运动镜头两种常用类型。固定镜头是指在拍摄视频时，镜头的机位、光轴和焦距等都保持固定不变，适合拍摄主体有运动变化的对象，如360度旋转的产品，以展示产品用途和特色等。

图3-22所示为采用支架固定镜头时拍摄的扫地机器人评测视频。这种固定镜头的拍摄形式，能够将产品的细节特点和使用方法完整地记录下来。

运动镜头是指在拍摄的同时不断地调整镜头的位置和角度，也可以称为移动镜头。在拍摄形式上，运动镜头比固定镜头更加多样化。常见的运动镜头包括推拉运镜、横移运镜、摇移运镜、甩动运镜、跟随运镜、升降

图3-22　扫地机器人评测视频

运镜及环绕运镜等。拍摄电商短视频时，如果能熟练使用这些运镜方式，就能更好地突出画面细节、表达主题内容，从而吸引更多用户关注视频中的产品。

图3-23所示为采用横移运镜方式拍摄的加湿器主图视频。横移运镜是指拍摄时镜头按照一定的水平方向移动，这样不仅可以更好地展现出空间关系，还能增强画面的空间感。

图3-23　加湿器主图视频

图3-24所示为采用环绕运镜方式拍摄的鼠标主图视频，镜头以鼠标为中心进行旋转移动，可

以拍摄出鼠标360度的外形特点。在拍摄时如果产品或模特处于移动状态,则环绕运镜的操作难度会更大,我们可以借助手持稳定器设备来稳定镜头,让旋转过程更为平滑、稳定。

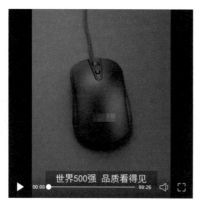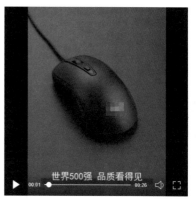

图 3-24　鼠标主图视频

图3-25所示为采用后拉运镜方式拍摄的女鞋主图视频。后拉运镜是指镜头的机位在拍摄时不断向后退,可以拍摄出从产品的细节特写到外观全景的展示效果。

图 3-25　女鞋主图视频

专家提醒

　　运镜的基础是稳定,不管是用手机拍摄,还是用相机或摄像机拍摄,在拍摄视频时都要保持器材的稳定,这是获得优质画面的基础。大家采用运镜方式拍摄视频时,建议尽量用稳定器来固定拍摄设备,以避免画面因不必要的抖动而模糊。

3.3.3 用镜头增强视频感染力

　　拍摄电商短视频时,注意运用近景、全景、远景、特写等景别,让画面中的情节叙述和感情表达等更具表现力。远景镜头可以更加清晰地展现产品的外观形象和部分细节,并且能够更好地表现视频的拍摄时间和地点。

另外，就拍摄静物产品的视频而言，比各种拍摄角度更重要的是画面内一定要有运动的元素。如果固定拍摄角度，将产品放在拍摄台上固定不动，那么拍出来的视频会和照片没有任何区别。因此，商家在拍摄视频时，一定要让画面运动起来，从而增强视频的感染力。下面介绍一些具体的拍摄方法。

（1）**镜头运动，产品不动**。这是最简单的运镜方式之一，只需要将产品放好，然后用手持稳定器来移动镜头。这种运镜方式比较基础，但效果非常好，如图3-26所示。

图 3-26　镜头运动，产品不动

（2）**固定镜头，移动产品**。移动产品的方法非常多，如运用自动旋转的拍摄台，或者将产品放在一块布上，然后轻轻拉动布块，让产品移动起来，也可以直接用手来移动产品，如图3-27所示。

图 3-27　固定镜头，移动产品

（3）**灯光移动**。在手机和汽车等相关产品的视频中，通常可以看到大量的灯光移动效果，这样可以在产品表面产生丰富的光影变化，如图3-28所示。

（4）**在画面中添加动感元素**。动感元素的选择范围非常大，如利用电子烟可以打造出烟雾效果，利用喷水壶可以制作出水雾效果，除此之外，还可以通过后期来添加各种动感元素。商家可以充分发挥自己的创造力,大胆地进行尝试。图3-29所示为在视频画面中加入了流动的清水。

图 3-28　灯光移动

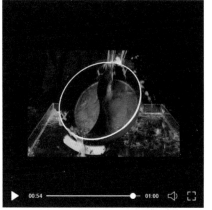

图 3-29　在画面中添加动感元素

3.3.4　用ND镜头拍出大光圈

　　室外拍摄电商短视频的时候,拍摄现场的光线通常都非常亮。因此使用普通镜头时无法用大光圈进行拍摄,否则画面很容易过曝,拍出来的视频会效果不佳。针对这种情况,我们需要使用一些设备压暗画面中的光线。此时,ND镜头(Neutral Density Filter,又称减光镜或中性灰度镜)就是一个必不可缺的设备,如图3-30所示。商家可以在视频脚本的设备或备注一栏中写上用ND镜头拍摄。

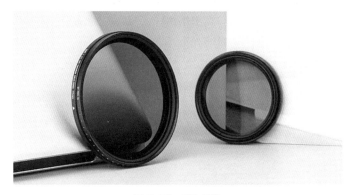

图 3-30　ND 镜头

专家提醒

　　在镜头前安装减光镜后,可以通过旋转减光镜外侧的调节旋钮,并根据拍摄环境的光线状况来调整明暗,从而更好地搭配相机的快门速度和光圈来拍摄视频。

3.3.5 用升格镜头拍出高级感

如果拍摄时手稍微有点抖动，或者稳定器没有达到预期的效果，就可以通过升格镜头的方式，尽量用一些较高的帧率进行拍摄。这样不仅可以让画面更加稳定，还会有一种高级感。做短视频脚本时，商家可以考虑将升格镜头的拍摄场景写进去。

通常情况下，视频拍摄的标准帧率为每秒24帧，用升格镜头拍摄则是采用高帧率，如每秒60帧或更高，拍摄出流畅的慢动作效果，如图3-31所示。普通情况下1秒只能拍24张图，而升格镜头则可以1秒拍出60张图或更多。

图 3-31　升格镜头的拍摄效果

第 4 章

短视频的构图、拍摄技巧与注意事项

电商短视频要想获得好的观赏效果，就需要利用各种构图和拍摄技巧，以保证视频画面的清晰度和美观度。一个电商短视频的内容拍得再好，如果画面不够清晰和美观，也会使视频的质量大打折扣，从而影响产品的转化效果。

4.1 构图技巧

构图是指通过安排各种物体和元素，实现一个主次关系分明的画面效果。拍摄视频时，摄影师通常需要对画面中的主体进行恰当的摆放，使画面看上去更有冲击力和美感，这就是构图的作用。

因此，在拍摄电商短视频的过程中，我们也需要对拍摄主体进行适当构图。遵循构图原则，才能让拍摄的视频更加富有艺术感和美感，更具吸引力。

4.1.1 基本构图原则

"构图"起初是绘画中的术语，后来被广泛应用于摄影和平面设计等视觉艺术领域。成功的视频，大多拥有严谨的构图方式，能够使画面重点突出，有条有理，富有美感，令人赏心悦目。图4-1所示为电商短视频的基本构图原则。

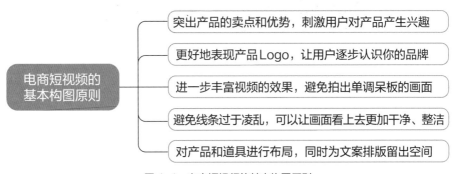

图 4-1　电商短视频的基本构图原则

图4-2所示为三分线构图，画面左侧的2/3为文案，右侧的1/3为产品。这样构图不仅可以突

出产品主体，同时后期剪辑时也给加文案留下了足够的排版空间。

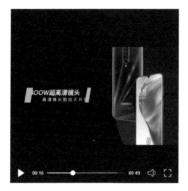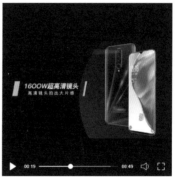

图4-2　三分线构图示例

　　拍摄视频时，打开相机或手机的构图辅助线功能，可以更好地进行构图取景。以华为手机为例，在"录像"界面点击⚙图标，进入"设置"界面，在"通用"选项区中开启"参考线"功能，即可打开九宫格辅助线，如图4-3所示。

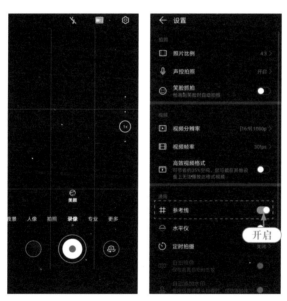

图4-3　打开九宫格辅助线

4.1.2　构图画幅的选择

　　画幅是影响短视频构图取景的关键因素，商家在构图前要先确定好视频的画幅。画幅是指视频的取景画框样式，通常包括横画幅、竖画幅和方画幅3种。

　　横画幅就是水平持握手机或相机进行拍摄，然后通过取景器横向取景。因为人眼的水平视角比垂直视角更大一些，所以采用横画幅拍摄的视频在大多数情况下会给用户一种自然舒适的视觉感受，同时可以让视频画面的还原度更高，如图4-4所示。

竖画幅就是垂直持握手机或相机进行拍摄，拍出来的视频画面拥有更强的立体感，比较适合拍摄具有线条感、高大及前后对比等特点的产品视频，如图4-5所示。

图4-4　横画幅示例

图4-5　竖画幅示例

方画幅的画面比例为1:1，能够缩小视频画面的观看空间，这样用户无须移动视线即可观看全部画面，从而更容易抓住视频中的主体对象，如图4-6所示。

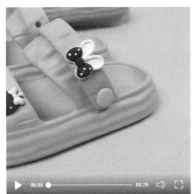

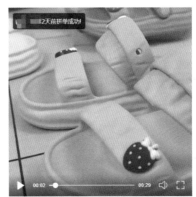

图4-6　方画幅示例

专家提醒

要用手机拍出方画幅的视频画面，通常要借助一些专业的视频拍摄软件，如美颜相机、小影、轻颜相机及无他相机等APP。

4.1.3　常用拍摄角度

拍摄电商短视频时，商家还需要掌握各种镜头角度，如平角、斜角、仰角和俯角等，运用不同视角可以更好地展现产品的特色。

（1）平角：镜头与拍摄主体保持水平方向上的一致，镜头光轴与对象（中心点）齐高，能够更客观地展现拍摄对象的原貌，如图4-7所示。

（2）斜角：拍摄时将镜头倾斜一定的角度，从而产生一定的透视变形的画面失调感，能够让视频画面显得更加立体，如图4-8所示。

图4-7　平角示例　　　　　　　　　　　　图4-8　斜角示例

（3）仰角：采用低机位仰视的拍摄角度，能够让拍摄对象显得更加高大，同时可以让视频画面更有代入感，如图4-9所示。

（4）俯角：采用高机位俯视的拍摄角度，可以让拍摄对象看上去更小，同时能够充分展示主体的全貌，如图4-10所示。

图4-9　仰角示例　　　　　　　　　　　　图4-10　俯角示例

4.1.4　常用构图方式

对于电商短视频来说，好的构图是整个画面效果的基础，再加上光影的表现、环境的搭配和产品本身的特点等，可以使视频大放异彩。下面介绍电商短视频的一些常用构图方式。

1. 中心构图

中心构图是指将视频主体置于画面正中间进行取景，最大的优点在于主体突出、明确，而且画面可以达到上下左右平衡的效果，用户的视线会自然而然地集中到产品主体上，如图4-11所示。

2. 三分线构图

三分线构图是指将画面用两横或两竖的线条，平均分割成三等份，将主体放在某一条三分线上，让主体更突出、画面更美观，如图4-12所示。

图 4-11　中心构图示例

图 4-12　三分线构图示例

3. 对角线构图

对角线构图是指画面中的主体或陪体形成了一种对角线效果，让画面更加活泼且富有动感，牵引着人的视线，还可以产生一种代入感，如图4-13所示。

图 4-13　对角线构图示例

专家提醒

对角线构图属于斜线构图的一种。斜线构图主要是利用画面中的斜线引导用户的目光，同时能够展现物体的运动、变化及透视规律，可以让视频画面更有活力感和节奏感。

4. 三角构图

三角构图主要是指画面中有3个视觉中心，或者用3个点来安排景物，从而构成一个三角形，这样拍摄出的画面会极具稳定性。三角构图包括正三角形（画面坚强、踏实）、斜三角形（画面安定、均衡、具有灵活性）和倒三角形（画面明快、有紧张感、有张力）等不同形式。

图4-14所示的视频中，模特的坐姿让身体在画面中刚好形成了三角形，在创造平衡感的同时还能为画面增添更多动感。需要注意的是，三角构图法一定要自然，让构图和视频融为一体，而不是刻意为之。

图 4-14　三角构图示例

5. 散点式构图

散点式构图是指将一定数量的产品重复散落在画面中，使其看上去错落有致、疏密有度，而且疏中存密、密中见疏，从而产生丰富、宏观的视觉效果。图4-15所示为采用散点式构图拍摄的主图视频，将不同颜色的章鱼布偶堆叠摆放在一起，使画面具有极强的节奏感和韵律感。

图 4-15　散点式构图示例

4.1.5 高级构图技巧

好的构图可以让电商短视频的拍摄事半功倍。构图的技巧有很多，即使是同款产品也可以在构图上产生差异化，从而让产品在众多同类产品中更亮眼。下面重点介绍一些电商短视频的高级构图技巧。

1. 构图的核心是突出主体

简单来说，构图就是安排镜头下各个画面元素的一种技巧，通过将模特、产品、文案等进行合理的安排和布局，从而更好地展现商家要表达的主题，或者使画面看上去更加美观、更有艺术感。

图4-16所示为采用左右对称构图拍摄的视频，画面的布局更平衡，同时展示了牛仔裤正面和背面的上身效果，产品主体十分突出。

图 4-16　突出主体

专家提醒

主体就是拍摄视频时的主要对象（如模特或产品），是主要强调的对象，主题也应该围绕主体来展开。通过构图这种比较简单有效的方法，可以达到突出视频画面主体、吸引用户视线的目的。

2. 选择适合的陪体、前景和背景

很多非常优秀的电商短视频中都有明确的主体，这个主体就是主题中心，而陪体就是在视频画面中起到烘托主体作用的元素。陪体对主体的作用非常大，不仅可以丰富画面，还可以更好地展示和衬托主体，让主体更有美感，对主体起到解释说明的作用。

图4-17所示的视频中，主体对象为电煮锅，背景中的花和锅中的食物都是陪体，可以起到装饰画面和演示产品功能的作用。

图 4-17　选择适合的陪体

环境和陪体非常类似，在视频画面中环境主要对主体起到解释说明的作用。环境包括前景和背景两种形式，可以加强用户对视频的理解，让主题更加清晰明确。

前景主要是指位于被摄主体前方或者靠近镜头的景物。背景通常是指位于主体对象背后的景物，可以让主体的存在更加和谐、自然，同时还可以对主体所处的环境、位置、时间等做一定的说明，更好地突出主体，营造画面氛围。如图 4-18 所示，将山区环境作为拍摄背景，画面具有极强的真实感，能够更好地突出登山鞋的品质。

图 4-18　选择适合的环境

3. 用特写构图表现产品的局部细节

每个产品都有自己独特的质感和表面细节，如果拍摄视频中能成功地表现出这种质感和细节，则可以极大地增强画面的吸引力。

我们可以换位思考一下，将自己当作用户，在买自己需要的物品时，肯定会在详情页面反复浏览，查看产品的细节，与同类型的产品进行对比。由此可见，产品细节是决定用户下单的重要驱动力，我们必须将产品的每个细节部位都拍摄清楚，打消用户的疑虑。图4-19所示为某款女包的带货视频，采用特写构图的方式拍摄了产品的内部细节。

当然，不排除有很多不在意细节的用户，他们也许不会仔细看产品的细节特点，只是简单地看一下价格和基本功能，觉得合适就马上下单。对于这些用户，我们可以将产品最重要的特点和功能在视频中展现出来，让用户快速看到产品的这些优势，促进成交。

图4-19　用特写构图表现产品的内部细节

4.2　不同产品的视频拍摄技巧

在传统电商时代，用户通常只能通过图文信息来了解产品的详情，而如今短视频已经成了产品的主要展示形式，因此，商家在上架产品之前，首先要拍一些好看的视频素材。本节主要介绍不同产品的视频拍摄技巧，帮助大家轻松拍出能引爆产品销量的电商短视频。

 ### 4.2.1　拍摄外观型产品的技巧

拍摄外观型产品时，重点在于展现产品的外在造型、图案、颜色、结构、大小等外观特点，建议拍摄思路为"整体→局部→特写→特点→整体"。

例如，拍摄文具盒的主图视频时，可以先拍摄多个文具盒的整体外观，然后拍摄文具盒的局部细节和特写镜头，接着拍摄文具盒的各种功能特点，最后从不同角度再次展现单个文具盒的整体外观，如图4-20所示。

如果拍摄外观型产品时有模特出镜，则可以增加一些关于产品使用场景的镜头，以展示产品的使用效果。需要注意的是，产品使用场景镜头的拍摄主体仍然是产品，只不过是将产品放置到了一个特定的场景中。关于这一点，在拍摄前摄影师和商家就需要沟通好，并且要根据产品的属

图4-20　文具盒的主图视频

性选择相对最适配的场景。

4.2.2 拍摄功能型产品的技巧

功能型产品通常具有一种或多种功能，能够解决人们生活中遇到的难题。因此拍摄功能型产品电商短视频时，应将重点放在对产品功能和特点的展示上，建议拍摄思路为"整体外观→局部细节→核心功能→使用场景"。

例如，拍摄破壁机的主图视频时，可以先拍摄破壁机的整体外观，然后拍摄破壁机的局部细节和材质，接着通过多个分镜头来演示破壁机的各种核心功能，并拍摄破壁机的使用场景和制作的美食成品，如图4-21所示。

图4-21　破壁机的主图视频

如果拍摄功能型产品时有模特出镜，同样可以添加一些产品的使用场景。另外，对于有条件的商家，可以通过自建美工团队或外包形式来制作3D动画类的电商短视频，这样可以更加直观地展示产品的功能。

> **专家提醒**
>
> 如今，随着各种产品的不断改进，产品的功能也变得越来越丰富。电商短视频可以呈现产品的不同功能和用法，其说服力远远超过文字和图片，而且会让产品变得更接地气，特别适合家居生活和厨房家电等类型的产品。

4.2.3 拍摄综合型产品的技巧

综合型产品是指集外观和功能特色于一体的产品。拍摄这类产品时需要兼顾两者的特点，既要拍摄产品的外观细节，同时也要拍摄出产品的功能特点，还需要贴合产品的使用场景来充分展示其使用效果。

如果是生活中经常用到的产品，则最好选择生活场景作为拍摄环境，这样更容易引起用户的共鸣。例如，电话手表就是一种典型的综合型产品，拍摄电商短视频时，不仅外观非常重要，丰富的功能也是吸引用户的一大卖点。

图4-22所示为电话手表的主图视频，不仅有大量的外观展示镜头用于吸引用户的眼球，还全方位地展现了电话手表的功能特点，可以增强用户下单的决心。

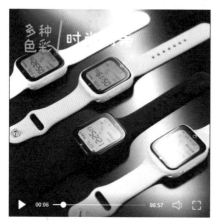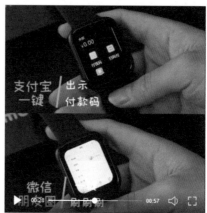

图 4-22　电话手表的主图视频

4.2.4　拍摄美食类产品的技巧

美食类产品涉及的品类非常多，不同的美食拥有不同的外观和颜色，因此拍摄方法也不尽相同。水果与蔬菜等食材是比较容易上手的美食类产品，可以通过巧妙布局画面的构图、光影和色彩来展现食材的质感。

例如，拍摄水果的重点在于表现水果的新鲜和味道的甜美，可以直接拍摄水果的采摘过程或试吃体验，如图4-23所示。

图 4-23　水果视频

拍摄面点等类型的美食时，可以添加一些陪体装饰物，让主体显得不那么单调。另外，我们还可以拍摄制作面点美食的过程，用升格镜头的方式记录制作美食的瞬间，这样也能拍出美食大片，如图4-24所示。

图4-24　制作面点美食的过程

拍摄菜肴时，我们常常会将食材作为主角，但桌布、餐垫、餐具等元素也值得一拍。这些元素不仅可以帮助我们更好地进行构图，同时还可以营造出画面的氛围感，让拍摄的美食视频更能吸引用户的注意力。

 ## 4.2.5　拍摄模特类视频的技巧

拍摄模特类视频时，一定要注意引导模特摆出适合的姿势、做出适合的动作，如微笑、眼神交流、撩动秀发等，如图4-25所示。当然，也有很多模特在拍视频时放不开，有的是对自己的长相不自信，有的是不愿意露脸，有的是觉得自己的"侧颜"比较好看，此时我们可以拍摄模特的侧面。

图4-25　摆出适合的姿势

在室内或摄影棚内拍摄模特的全景画面时，需要尽可能地选择空间广阔些的环境。这样不仅方便模特摆各种姿势，同时也可以让摄影师更好地进行构图取景。另外，还需要保持拍摄环境的整洁，将各种装饰物品摆放在合理的位置，从而对人物主体起到更好的衬托作用。

拍有故事感的模特类视频时，需要用画面来讲述故事和感染用户。此时，画面必须有一个明确的主题，同时拍摄场景也需要连贯，而且人物的情绪和服装配饰都要准确恰当。

专家提醒

在模特类视频中，主体人物是画面的"灵魂"，场景和服饰则是"躯壳"。没有场景的画面通常会显得很空洞，尤其是在室外拍摄模特类视频时，场景的主要作用是衬托人物。因此主要原则就是"尽量化繁为简"，即背景要尽可能地简单、干净，不能喧宾夺主。

4.2.6 不同材质产品的拍摄技巧

对于不同材质的产品，拍摄视频时采用的方法也有所区别。下面分别介绍吸光体产品、反光体产品、透明体产品的拍摄技法。

1. 拍摄吸光体产品

衣服、食品、水果和木制品等产品大多是吸光体，比较明显的特点就是表面粗糙，颜色非常稳定和统一，视觉层次感比较强。拍摄这类型产品的视频时，通常以侧光或斜侧光的布光形式为主，光源最好采用较硬的直射光，这样能够更好地体现出产品原本的色彩和层次感，如图4-26所示。

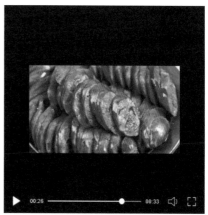

图4-26 吸光体产品的拍摄示例

2. 拍摄反光体产品

反光体产品与吸光体产品刚好相反，它们的表面通常都比较光滑，因此具有非常强的反光能力。例如，金属材质的产品、没有花纹的瓷器、塑料制品及玻璃产品等，如图4-27所示。

图 4-27　反光体产品的拍摄示例

专家提醒

拍摄反光体产品的视频时，需要注意产品上的光斑或黑斑。可以利用反光板，或者采用大面积的灯箱光源照射，尽可能地让产品表面的光线更加均匀，保持色彩渐变的统一性，使其看上去更加真实。

3. 拍摄透明体产品

透明的玻璃和塑料等材质的产品都是透明体产品。拍摄这类产品的视频时，可以采用高调或低调的布光方法。

（1）高调：使用白色或浅灰色的背景，同时使用背光或顶光拍摄，这样产品的表面看上去会显得更加简洁、干净，如图4-28所示。

图 4-28　高调布光的拍摄示例

（2）低调：使用黑色的背景，同时可以用柔光箱从产品两侧或顶部打光，也可以在两侧安放反光板，从而勾勒出产品的线条效果，如图4-29所示。

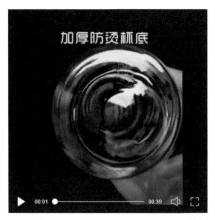 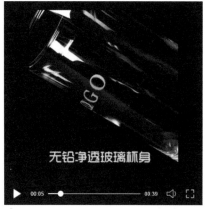

图 4-29　低调布光的拍摄示例

4.3　拍摄注意事项

随着短视频的流行，各大电商平台的产品介绍越来越倾向于用视频来呈现，而且视频的转化率比纯图片高。不过，电商短视频不是随便拍拍就行的，本节将详细介绍一些拍摄过程中的注意事项，帮助大家拍好电商短视频。

4.3.1　拍摄场景必须与产品搭配

很多时候，用户在看到电商短视频时，会将视频中的人物想象成自己，并且想象自己用着视频中的产品会是一种怎样的感受。因此，电商短视频的拍摄场景非常重要。合适的场景可以让用户产生身临其境的画面感，从而刺激用户的下单欲望。除了选择合适的场景外，还需要让模特与场景互动起来，从而让产品完全融入场景，这样拍出来的效果会更具有吸引力。

图 4-30 所示为一款小清新风格的女装带货视频，很适合在户外的树林场景中拍摄。拍摄时可以利用虚化的树木

图 4-30　小清新风格的女装带货视频

作为背景，与主体人物周围形成虚实对比效果，让用户产生一种身临其境的优雅感。

如果拍摄职业装这种比较庄重的服装产品，那么图4-30中的场景就不太适合了，应尽量选择办公室等室内场景，或者在非常"白领化"的场景中进行拍摄。不同的产品有不同的场景需求，将产品放到不搭调的场景中拍摄，用户看着就会觉得很别扭，而且无法将产品代入这个情景中。

 ### 4.3.2　选好背景增强产品的氛围感

电商短视频的拍摄背景要整洁，可以根据视频内容对镜头内的场景进行布置，尽可能地营造出用户使用产品时的氛围感。图4-31所示的保温壶视频中，选择桌子作为拍摄背景，同时布置了水杯、食品、花卉、茶壶等物品作为辅助道具，营造出一种居家或办公室的氛围感。

图4-31　保温壶视频

 ### 4.3.3　拍摄现场的光线一定要充足

拍摄电商短视频时，环境中的光线一定要充足，这样才能更好地展现产品。图4-32所示的盆栽视频，将窗户作为背景，同时用白色的窗帘遮挡直射光，让光线变得更加柔和，这样可以让植物的色彩显得更加通透且有层次感。

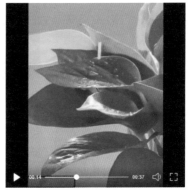

图4-32　盆栽视频

如果拍摄现场的光线较暗，则建议使用补光灯对产品进行补光，同时注意不要使用闪烁的光源。图4-33所示的玉石碗视频，采用了深色的背景，同时用顶光对产品打光，形成了强烈的明暗对比，使产品主体更为突出。

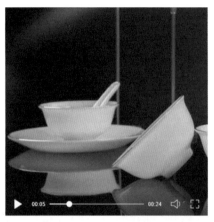

图 4-33　玉石碗视频

 4.3.4　**展现产品价值和用户体验**

拍摄电商短视频之前，商家要先确定自己的拍摄构思，即用什么方式拍摄才能让产品更好地呈现在用户眼前。商家可以从两个方面构思：一是通过剧本场景或小故事的方式进行拍摄；二是对于品牌产品，商家可以在视频中加入一些品牌特性。

图4-34所示的视频，通过亲子剧情故事的拍摄方式，展现出智能机器人产品的功能，将产品的使用场景完全融入了用户的日常生活。

图 4-34　智能机器人视频

当然，不管商家如何构思，在电商短视频中都需要展现出产品的价值和用户体验，而且需要贴近用户的日常生活，让他们产生看得见和摸得着的感觉，这就是最直接的拍摄技巧之一。图4-35所示的电动窗帘视频，通过将窗帘安装好，然后演示其自动关闭和打开的功能，让用户从视频中即可体验到产品为其带来的便捷和舒适。

图4-35　电动窗帘视频

4.3.5　产品的展示顺序要合理

对于电商短视频中的产品展示，建议大家拍摄5组镜头，顺序为"正面→侧面→细节→功能→场景"。智能音响视频如图4-36所示。

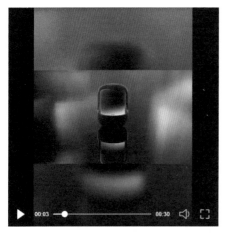

图4-36　智能音响视频

针对这款智能音响产品，我们可以将其拍摄拆分为5组镜头，拍摄要点如下。

（1）正面：通过正面可以更好地描述产品的整体外观，呈现产品给人的第一印象。

（2）侧面：通过不同的侧面，如左侧、右侧、背后、顶部、底部等，完整地展示产品。

（3）**细节：**可以先展示产品上重要的一些局部细节，从而更有效地呈现产品的特点和功能。

（4）**功能：**逐个演示产品的具体功能，让产品与用户产生联系，解决消费者的难点、痛点。

（5）**场景：**将产品放在一个适合的环境中，进一步展示它的功能特点和使用体验。场景感越强，带货效果就越好。

 ## 4.3.6 电商短视频的拍摄禁忌

电商短视频的作用是将实际的产品展现在用户面前，很多商家对这一点的认识还不够，白白浪费了短视频这么好的引流工具。下面介绍拍摄电商短视频的禁忌，大家一定要注意这些细节，否则拍出的视频只能成为一种摆设。

 ### 1. 背景拒绝脏、乱、差

产品必须是视频展示的重要主体，而且为了凸显产品，整个视频画面务必做到干净、整洁，背景不能乱七八糟。因为视频背景中的各种杂物都会分散用户的注意力，很难成功地展示产品。

拍摄一些小物件时，可以使用纯色的布作为背景。这样不仅背景简单、干净，而且能够更好地突出产品的外观细节，让用户觉得产品的品质有保障，如图4-37所示。

 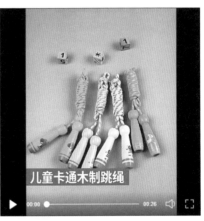

图4-37　简单、干净的背景

2. 模特行为要合理

商家在拍摄电商短视频时，除了要展现产品的卖点外，还要注意用户观看视频的感受。任何在视频中出现的元素都有可能影响用户的观看体验，如视频中模特行为的合理性，千万不要因为这些细节问题而引起用户的反感。

例如，服装类和鞋包类电商短视频，通常会采用模特试穿试用的形式进行拍摄，但很多是直接采取模特快速切换姿势拍照的方式拍摄的。这样做不仅无法完整展示出真实的使用场景，而且会引起用户的反感和怀疑。

另外，很多商家直接将站外推广视频搬过来使用，这样用户看后很可能会怀疑产品的真实性。商家一定要注意电商短视频中的这些小细节，视频做好后多检查，对于不合理的地方要及时进行优化，以提升用户的观看体验。

3. 注重视频开端

使用一些软件剪辑电商短视频时，视频开头会带上软件的片头、广告或水印，而且持续的时间比较长，这会大大降低用户的观看欲望。碰到这种情况时，商家可以更换电脑自带的剪辑软件，再进行一些简单操作，去掉这种片头。

很多人看视频都不会看完，通常只看前面几秒钟。电商短视频的前几秒如果连产品都没有出现，那么用户可能就会直接说"拜拜"了，毕竟他们的时间都是有限的。

一个电商短视频的前5秒通常就会让用户决定是否继续看下去，由此可见，视频开头非常重要。我们要尽快让视频中出现产品主体，以抓住用户的眼球，提高完播率。

第三篇

剪辑调色篇

◆ 第 **5** 章 ◆

短视频后期：剪辑、美化与添加音效

　　如今，视频剪辑工具越来越多，功能也越来越强大。其中，剪映是抖音推出的一款视频剪辑软件，拥有全面的剪辑功能。本章笔者将以剪映电脑版为例，介绍电商短视频的后期剪辑技巧，帮助大家快速做出优质的带货视频。

5.1　后期剪辑技巧

　　用户在网上购物时，了解各种产品的方式之一就是观看电商短视频，通过这些视频可以十分清楚地看到产品的外观细节和使用场景等。那么如何制作电商短视频呢？本节就跟大家分享一下电商短视频的后期剪辑技巧。下面使用的剪辑软件是剪映，它不仅功能强大，而且操作简单，能够帮助大家轻松制作各类电商短视频。

5.1.1　裁剪视频尺寸

　　很多平台对电商短视频的尺寸有一定的要求，如9∶16就是抖音平台默认的短视频尺寸，效果如图5-1所示。

图 5-1　预览视频效果

下面介绍裁剪视频尺寸的具体操作方法。

1️⃣ 在剪映中导入1个视频素材，并将其添加到视频轨道，如图5-2所示。

2️⃣ ❶选择视频素材；❷单击"裁剪"按钮🔲，如图5-3所示。

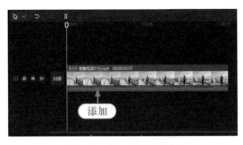

图5-2 添加到视频轨道　　　　　图5-3 单击"裁剪"按钮

3️⃣ 弹出"裁剪"对话框，在"裁剪比例"下拉列表中选择"9∶16"选项，如图5-4所示。

4️⃣ 执行操作后，即可裁剪画面，确认后单击"确定"按钮，如图5-5所示。

图5-4 选择"9∶16"选项　　　　　图5-5 单击"确定"按钮

5️⃣ ❶单击"播放器"面板中的"适应"按钮；❷在弹出的列表中选择"9∶16（抖音）"选项，如图5-6所示。

6️⃣ 执行操作后，即可调整视频的尺寸比例，效果如图5-7所示。

图5-6 选择"9∶16（抖音）"选项　图5-7 调整视频尺寸比例后的效果

5.1.2 剪辑视频素材

拍好视频素材后，可以使用剪映的"分割"和"删除"等功能，将多余的画面剪切掉，效果如图5-8所示。

图 5-8 预览视频效果

下面介绍剪辑视频素材的具体操作方法。

 在剪映中导入1个视频素材，并将其添加到视频轨道，如图5-9所示。

 ❶拖曳时间指示器至相应位置；❷单击"分割"按钮 ，如图5-10所示。

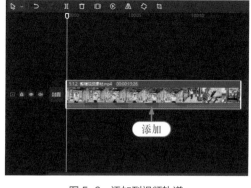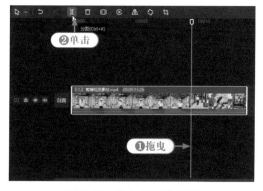

图 5-9 添加到视频轨道 　　　　　　　图 5-10 单击"分割"按钮

専家提醒

剪映的"镜像"功能 可以对视频画面进行水平镜像翻转操作，主要用于纠正画面视角和打造多屏播放效果。

3 执行上述操作后，即可分割视频，选择分割的后半段视频，如图5-11所示。

4 单击"删除"按钮■，即可删除多余的视频片段，如图5-12所示。

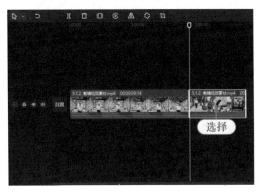 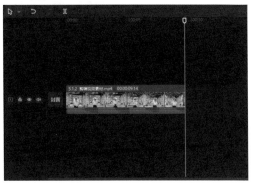

图5-11 选择分割的后半段视频　　　　　　　图5-12 删除多余的视频片段

 ## 5.1.3 替换视频素材

剪映的"替换片段"功能能够快速替换掉视频轨道中不合适的视频素材，效果如图5-13所示。

图5-13 预览视频效果

下面介绍替换视频素材的具体操作方法。

 在剪映中导入2个视频素材，并将其添加到视频轨道，如图5-14所示。

2 选择要替换的视频素材，❶单击鼠标右键；❷在弹出的快捷菜单中选择"替换片段"命令，如图5-15所示。

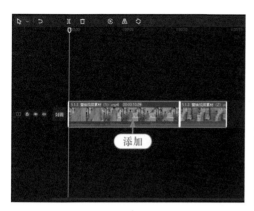

图 5-14 添加到视频轨道

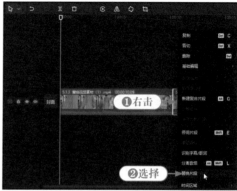

图 5-15 选择"替换片段"命令

3 在弹出的"请选择媒体资源"对话框中，选择合适的视频素材，如图 5-16 所示。

4 单击"导入"按钮后，弹出"替换"对话框，单击"替换片段"按钮，如图 5-17 所示，即可替换视频轨道中的素材。

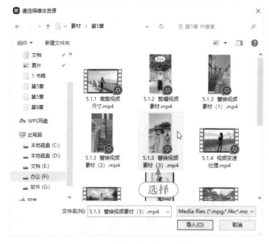

图 5-16 选择合适的视频素材

图 5-17 单击"替换片段"按钮

 5.1.4 视频变速处理

"变速"功能能够改变视频的播放速度，让画面更有动感，同时还可以模拟出蒙太奇的镜头效果，如图 5-18 所示。

下面介绍视频变速处理的具体操作方法。

1 在剪映中导入 1 个视频素材，并将其添加到视频轨道，如图 5-19 所示。

2 在操作区单击"变速"按钮，如图 5-20 所示。

图 5-18 预览视频效果

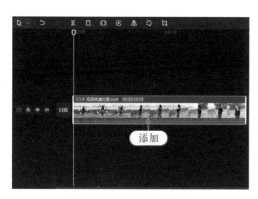

图 5-19 添加到视频轨道

图 5-20 单击"变速"按钮

3 默认进入"常规变速"选项卡，设置"倍数"为2.0x，即可调整整段视频的播放速度，如图5-21所示。

4 ❶切换至"曲线变速"选项卡；❷选择"蒙太奇"选项，如图5-22所示。

图 5-21 设置变速倍数

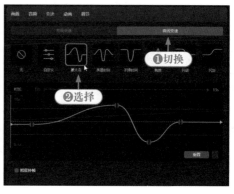

图 5-22 选择"蒙太奇"选项

5 执行操作后，即可改变视频素材的播放时长，同时会显示对应的曲线变速控制点，如图5-23所示。

图 5-23　显示对应的曲线变速控制点

5.1.5　美化视频人物

"智能美颜"和"智能美体"功能可以美化视频中的人物，让人物的皮肤变得更加细腻，脸部变得更小巧，身材变得更加修长，效果如图5-24所示。

图 5-24　预览视频效果

下面介绍美化视频人物的具体操作方法。

1 在剪映中导入1个视频素材，并将其添加到视频轨道，如图5-25所示。

2 选择视频素材，预览原视频效果，如图5-26所示。

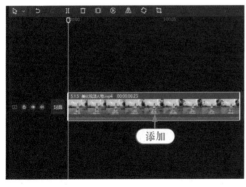

图 5-25　添加到视频轨道　　　　　图 5-26　预览原视频效果

3 在"画面"操作区的"基础"选项卡中，❶选中"智能美颜"和"智能美体"复选框；❷分别
设置各项参数，如图5-27所示。

4 执行操作后，即可美化视频中的人物，效果如图5-28所示。

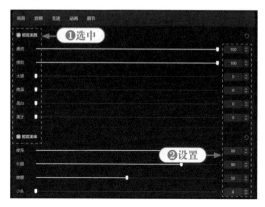 

图 5-27　设置相应的参数　　　　　　　　　　图 5-28　美化人物的效果

5.2　音频剪辑技巧

电商短视频是一种声画结合、视听兼备的创作形式。音频是电商短视频中非常重要的元素，选择好的背景音乐或语音旁白，能够增强视频的吸引力，同时还可以通过语音对产品进行介绍，将产品卖点更好地传递给用户。本节主要介绍电商短视频的音频处理技巧，包括添加背景音乐、添加场景音效、音频剪辑等，可以帮助大家快速掌握音频的后期处理方法。

5.2.1　添加背景音乐

剪映具有非常丰富的背景音乐曲库，而且进行了十分细致的分类。大家可以根据自己的视频内容或主题，快速添加合适的背景音乐，效果如图5-29所示。

图 5-29　预览视频效果

下面介绍添加背景音乐的具体操作方法。

1️⃣ 在剪映中导入1个视频素材，并将其添加到视频轨道，如图5-30所示。

2️⃣ 在功能区中单击"音频"按钮，如图5-31所示。

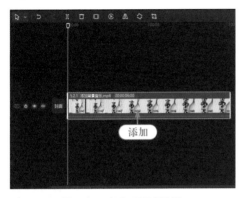

图 5-30　添加到视频轨道　　　　　　　　　图 5-31　单击"音频"按钮

3️⃣ ❶切换至"舒缓"选项卡；❷选择一首合适的背景音乐，如图5-32所示。

4️⃣ 单击所选音乐右下角的"添加到轨道"按钮➕，如图5-33所示。

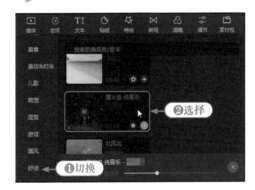

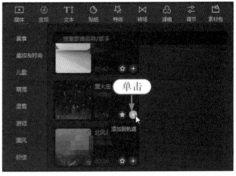

图 5-32　选择合适的背景音乐　　　　　　　图 5-33　单击"添加到轨道"按钮

5️⃣ ❶拖曳时间指示器至视频素材的结束位置；❷单击"分割"按钮，如图5-34所示。

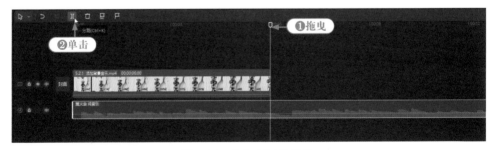

图 5-34　单击"分割"按钮

6️⃣ ❶执行操作后，即可分割音频素材；❷单击"删除"按钮，如图5-35所示，删除多余的后半段音频。

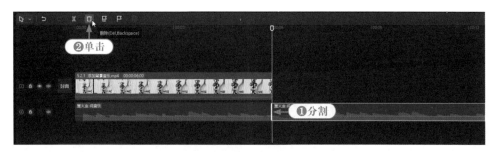

图 5-35　单击"删除"按钮

5.2.2　添加场景音效

剪映中提供了很多有趣的音效，我们可以根据电商短视频的情境来添加音效，添加音效可以让视频画面更具感染力。剪映中的音效类别十分丰富，有十几种之多，选择与视频场景搭配的音效非常重要，而且这些音效可以叠加使用，还能叠加背景音乐，使视频场景中的声音更加丰富，效果如图5-36所示。

图 5-36　预览视频效果

下面介绍添加场景音效的具体操作方法。

 在剪映中导入1个视频素材，并将其添加到视频轨道，如图5-37所示。

 在功能区中单击"音频"按钮，如图5-38所示。

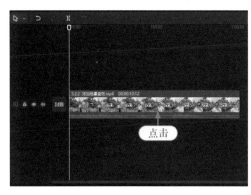 

图 5-37　添加到视频轨道　　　　　　图 5-38　单击"音频"按钮

③ 单击"音效素材"按钮，切换至"音效素材"选项卡，如图5-39所示。

④ ❶切换至"环境音"选项卡；❷单击"春天的鸟鸣"音效右下角的"添加到轨道"按钮 ⊕，如图5-40所示。

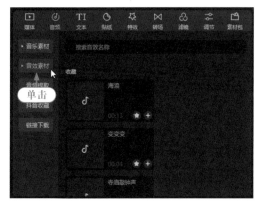

图 5-39 单击"音效素材"按钮

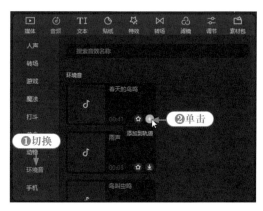

图 5-40 单击"添加到轨道"按钮

⑤ 执行操作后，即可添加"春天的鸟鸣"音效，然后对音效素材进行剪辑，使其时长与视频素材的时长一致，如图5-41所示。

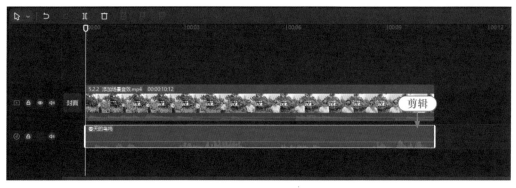

图 5-41 剪辑音效素材

5.2.3 提取背景音乐

如果大家发现背景音乐好听的视频，则可以将视频保存下来，并通过剪映提取视频中的背景音乐，然后用到自己的电商短视频中，效果如图5-42所示。

下面介绍提取视频背景音乐的具体操作方法。

① 在剪映中导入1个视频素材，并将其添加到视频轨道，如图5-43所示。

② 在功能区中单击"音频"按钮，如图5-44所示。

图 5-42　预览视频效果

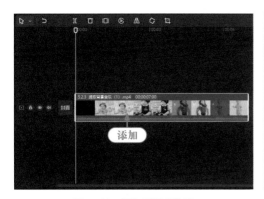

图 5-43　添加到视频轨道

图 5-44　单击"音频"按钮

专家提醒

　　在剪映的"音频"功能区中，如果听到了喜欢的音乐，可以单击☆按钮，将其收藏起来，之后可以在"收藏"列表中快速选择该背景音乐。除了收藏抖音的背景音乐外，我们也可以在抖音中直接复制热门 BGM（Background Music，背景音乐）的链接，接着在剪映中下载，这样就无须收藏了。

　　3　进入"音频"功能区，❶切换至"音频提取"选项卡；❷单击"导入"按钮，如图5-45所示。

　　4　在弹出的"请选择媒体资源"对话框中，❶选择要提取音频的视频素材；❷单击"导入"按钮，如图5-46所示。

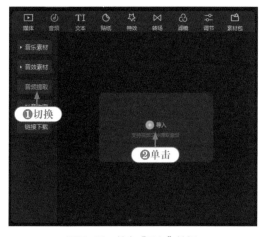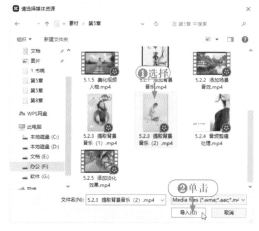

图 5-45　单击"导入"按钮　　　　图 5-46　单击"导入"按钮

⑤　执行操作后，即可提取音频文件，单击音频右下角的"添加到轨道"按钮，如图5-47所示。

⑥　❶执行操作后，即可将提取的音频添加到音频轨道；❷关闭视频原声，如图5-48所示。

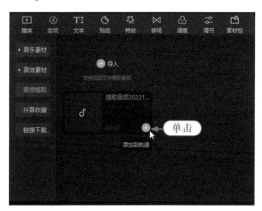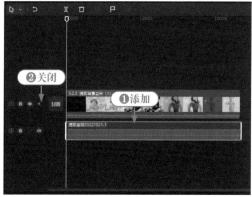

图 5-47　单击"添加到轨道"按钮　　　　图 5-48　关闭视频原声

5.2.4　音频剪辑处理

剪映可以非常方便地对背景音乐进行剪辑处理，比如选取其中的高潮部分，让电商短视频更能打动人心，从而提高视频的完播率，效果如图5-49所示。

下面介绍音频剪辑处理的具体操作方法。

①　在剪映中导入1个视频素材，并将其添加到视频轨道，如图5-50所示。

②　进入"音频"功能区，❶切换至"音乐素材>旅行"选项卡；❷单击所选背景音乐右下角的"添加到轨道"按钮，如图5-51所示。

图 5-49 预览视频效果

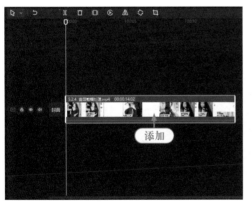

图 5-50 添加到视频轨道

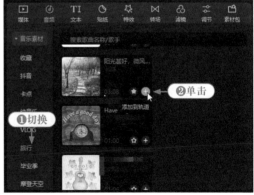

图 5-51 单击"添加到轨道"按钮

3 执行操作后，即可添加背景音乐，将音频素材的左端向右拖曳，如图5-52所示。

4 将音频素材的左端与视频素材的起始位置对齐，将音频素材的右端与视频素材的结束位置对齐，如图5-53所示。

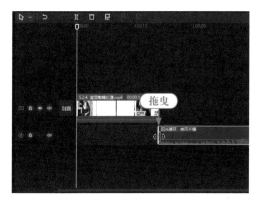

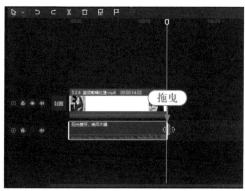

图 5-52 拖曳音频素材的左端　　　　　　　　图 5-53 拖曳音频素材的右端

 5.2.5 添加淡化效果

　　添加音频淡化（淡入和淡出）效果，可以让电商短视频的背景音乐不会显得那么突兀，能够给用户带来更舒适的视听感，效果如图5-54所示。淡入是指背景音乐响起的时候，声音缓缓变大；淡出是指背景音乐即将结束的时候，声音渐渐消失。

图 5-54 预览视频效果

　　下面介绍为音频添加淡化效果的具体操作方法。

① 在剪映中导入1个视频素材，并将其添加到视频轨道，如图5-55所示。

② ❶在视频素材上单击鼠标右键；❷在弹出的快捷菜单中选择"分离音频"命令，如图5-56所示。

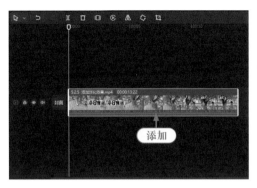

图 5-55　添加到视频轨道

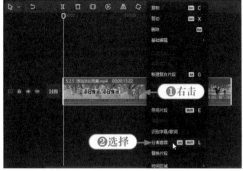

图 5-56　选择"分离音频"命令

3　执行操作后，即可将音频从视频中分离出来，并生成对应的音频轨道，如图 5-57 所示。

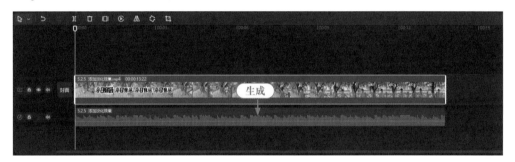

图 5-57　生成音频轨道

4　选择音频素材，在"音频"操作区中设置"淡入时长"为2s，"淡出时长"为2s，如图5-58所示。

5　在音频素材轨道上可以看到前后的音量都有所下降，如图5-59所示。

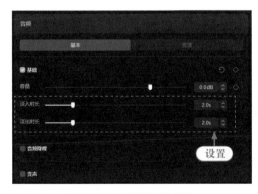

图 5-58　设置相应的参数

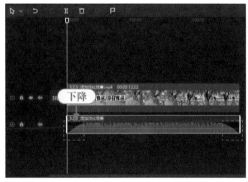

图 5-59　前后音量都有所下降

第 6 章

短视频处理：调色、特效与画面合成

如今，人们的欣赏眼光越来越高，喜欢追求更有创造性的产品和内容形式。因此，在各种短视频平台上，我们经常可以刷到非常有创意的特效视频，不仅色彩丰富、吸睛，而且画面酷炫、神奇，非常受大众的喜爱，轻轻松松就能收获百万点赞量。本章将介绍电商短视频的调色、特效处理和抠像技巧，帮助大家提升视频画面的视觉效果。

6.1 调色处理

对电商短视频的色调进行后期处理时，不仅要突出画面主体，还需要表现出适合主题的艺术感，以实现完美的色调视觉效果。需要注意的是，对产品主体的后期调色处理，幅度不宜过大，要尽量将产品的颜色校准，恢复其原本的色彩，体现一定的真实性。

6.1.1 调整色彩和明暗

剪映中常用的色彩处理工具包括色温、色调、饱和度，可以解决电商短视频的偏色问题，并且能够准确地传达某种情感和思想，让画面富有生机。剪映中常用的明暗处理工具包括亮度、对比度、高光、阴影、光感，可以解决电商短视频的曝光问题，调整画面的光影对比效果，打造出充满魅力的视频画面效果。本实例效果如图6-1所示。

图6-1 预览视频效果

下面介绍调整色彩和明暗的具体操作方法。

 在剪映中导入1个视频素材，并将其添加到视频轨道，如图6-2所示。

选择视频素材，在"播放器"面板中预览原视频效果，如图6-3所示。

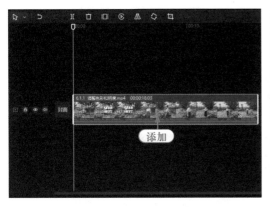

图6-2 添加到视频轨道

图6-3 预览原视频效果

❶切换至"调节"操作区；❷在"色彩"选项区中设置"色温"为-20，"色调"为12，"饱和度"为50，如图6-4所示。

在"明度"选项区中，设置"亮度"为5，"对比度"为9，"光感"为6，如图6-5所示。

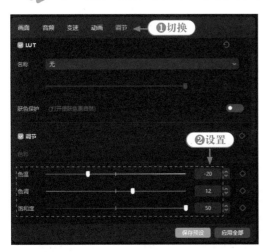

图6-4 设置"色彩"参数

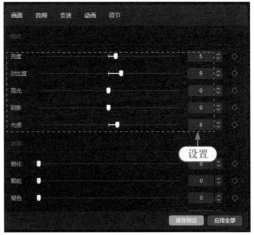

图6-5 设置"明度"参数

6.1.2 调节画面清晰度

剪映具有锐化、颗粒、褪色、暗角等色彩效果处理功能。其中，使用"锐化"功能可以增强视频画面的清晰度，让虚焦的视频变得更清晰，效果如图6-6所示。

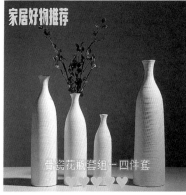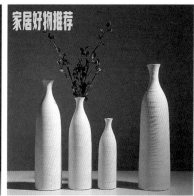

图 6-6　预览视频效果

下面介绍调节视频画面清晰度的具体操作方法。

 在剪映中导入 1 个视频素材，并将其添加到视频轨道，如图 6-7 所示。

选择视频素材，在"播放器"面板中预览原视频效果，如图 6-8 所示。

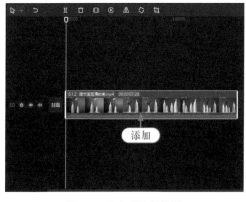

图 6-7　添加到视频轨道

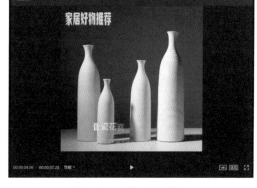

图 6-8　预览原视频效果

❶切换至"调节"操作区；❷在"效果"选项区中设置"锐化"为 100，"颗粒"为 20，如图 6-9 所示。

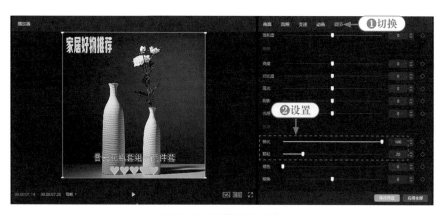

图 6-9　设置相应的参数

专家提醒

　　对于大场景的视频画面或因轻微晃动导致拍虚的视频，使用"锐化"功能可以提高画面清晰度，找回画面的细节。

6.1.3　HSL 和滤镜调色

　　绚丽的色彩可以增强电商短视频的画面表现力，使画面呈现出动态的美感。在剪映中我们可以利用 HSL 调色工具，分别对特定颜色的色相、饱和度和亮度进行单独的调整，同时还可以使用滤镜功能对画面的整体色调进行处理，使视频画面的色彩更加丰富，效果如图 6-10 所示。

图 6-10　预览视频效果

　　下面介绍 HSL 和滤镜调色的具体操作方法。

1 在剪映中导入1个视频素材，并将其添加到视频轨道，如图6-11所示。

2 选择视频素材，预览原视频效果，如图6-12所示。

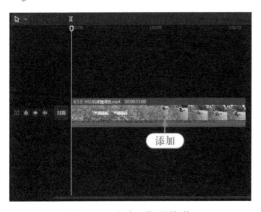

图 6-11　添加到视频轨道　　　　　　　　图 6-12　预览原视频效果

3 ❶在"调节"操作区中，切换至HSL选项卡；❷设置绿色的"色相"为−50，"饱和度"为100，"亮度"为50，如图6-13所示。

图 6-13　设置相应的参数

专家提醒

　　HSL色彩模式是工业界的一种颜色标准，是通过对色相（Hue）、饱和度（Saturation）、亮度（Luminance）3个颜色通道的变化，以及它们相互之间的叠加来得到各式各样的颜色的。

4 ❶在"滤镜"功能区中，切换至"风景"选项卡；❷单击"绿妍"滤镜右下角的"添加到轨道"按钮➕，如图6-14所示，即可添加滤镜效果。

5 调整"绿妍"滤镜效果的时长，使其与视频素材的时长一致，如图6-15所示。

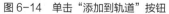
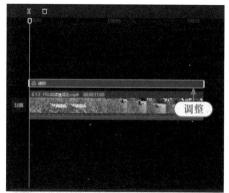

图 6-14   单击"添加到轨道"按钮　　　　　　图 6-15   调整滤镜效果的时长

6.2 特效处理

　　一个火爆的电商短视频依靠的不仅仅是拍摄和剪辑，适当地添加一些特效，能为视频增添意想不到的效果，让画面变得更加吸睛。本节主要介绍剪映中自带的转场、特效和动画等功能的使用方法，帮助大家做出各种精彩的电商短视频效果。

 ### 6.2.1   添加转场效果

　　转场可以让视频画面具有更好的艺术性和视觉性，能够达到丰富画面和吸引用户眼球的效果。技巧转场是指通过后期剪辑软件在两个片段中间添加转场特效，以实现场景的转换。由多个素材组成的电商短视频少不了转场，有特色的转场不仅能为视频增色，还能使镜头的过渡更加自然，效果如图 6-16 所示。

图 6-16   转场效果展示

下面介绍添加转场效果的具体操作方法。

1 在剪映中导入3个视频素材，并分别将其添加到视频轨道，如图6-17所示。

2 将时间指示器拖曳至前两个视频素材的连接处，如图6-18所示。

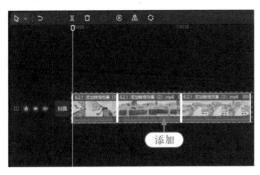

图6-17　添加到视频轨道

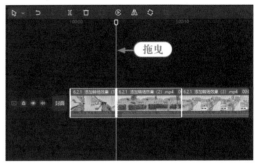

图6-18　拖曳时间指示器

3 ❶切换至"转场"功能区；❷切换至"幻灯片"选项卡，如图6-19所示。

4 选择"百叶窗"转场效果，单击"添加到轨道"按钮⊕，如图6-20所示。

图6-19　切换至"幻灯片"选项卡

图6-20　单击"添加到轨道"按钮

5 执行操作后，即可添加"百叶窗"转场效果，如图6-21所示。

6 在"转场"操作区中，设置"时长"为1s，如图6-22所示。

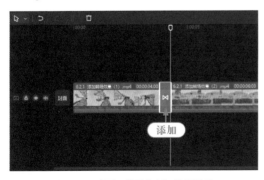

图6-21　添加"百叶窗"转场效果

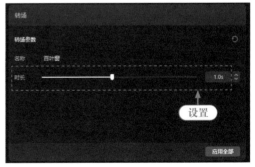

图6-22　设置"时长"参数

7 拖曳时间指示器至后两个视频素材的连接处，❶切换至"光效"选项卡；❷单击"炫光Ⅲ"

转场效果右下角的"添加到轨道"按钮⊕，如图6-23所示。

8 在视频轨道中选择"炫光Ⅲ"转场效果，然后在"转场"操作区中设置"时长"为0.8s，如图6-24所示。

图6-23 单击"添加到轨道"按钮   图6-24 设置"时长"参数

专家提醒

　　无技巧转场是通过一种十分自然的镜头过渡方式连接两个场景的，整个过渡看上去非常合乎情理，能够起到承上启下的作用。

6.2.2　添加画面特效

　　制作电商短视频时，我们可以给视频添加一些画面特效，如下雪、下雨、阳光、流星雨、星火、花瓣、气泡等。这些特效会让视频画面充满立体感和氛围感，同时可以让用户更有代入感，产生身临其境的视觉体验，效果如图6-25所示。

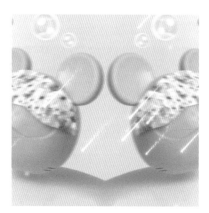

图6-25 预览视频效果

图 6-25　预览视频效果（续）

下面介绍添加画面特效的具体操作方法。

1　在剪映中导入 1 个视频素材，并将其添加到视频轨道，如图 6-26 所示。

2　❶在"特效"功能区中，切换至"氛围"选项卡；❷单击"流星雨"特效右下角的"添加到轨道"按钮 ⊕，如图 6-27 所示。

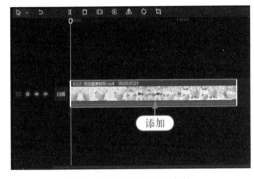

图 6-26　添加到视频轨道

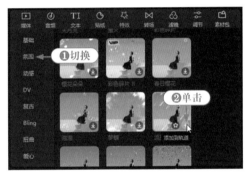

图 6-27　单击"添加到轨道"按钮

3　执行操作后，即可添加"流星雨"特效，如图 6-28 所示。

4　将时间指示器拖曳至"流星雨"特效的结束位置，如图 6-29 所示。

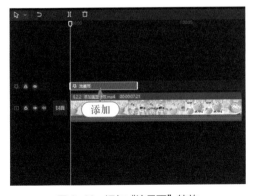

图 6-28　添加"流星雨"特效

图 6-29　拖曳时间指示器

5 ❶在"特效"功能区中，切换至"爱心"选项卡；❷单击"爱心气泡"特效右下角的"添加到轨道"按钮⊕，如图6-30所示。

6 适当调整"爱心气泡"特效的时长，使其结束位置与视频素材结尾处对齐，如图6-31所示。

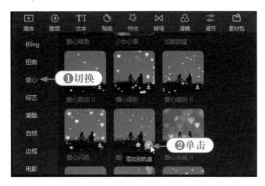

图6-30 单击"添加到轨道"按钮　　　　图6-31 调整特效的时长

专家提醒

完成对电商短视频的剪辑操作后，可以通过剪映的"导出"功能，快速将其导出为MP4或MOV等格式的视频作品，以便发布到短视频平台或电商平台上。

6.2.3 添加动画效果

在剪映中给视频素材添加动画效果，可以让电商短视频在放映时变得更加生动，效果如图6-32所示。

图6-32 预览视频效果

下面介绍添加动画效果的具体操作方法。

1 在剪映中导入2个视频素材，并分别将其添加到视频轨道，如图6-33所示。

② 在视频轨道中，选择第1个视频素材，如图6-34所示。

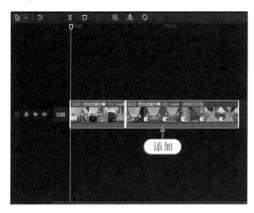

图 6-33　添加到视频轨道

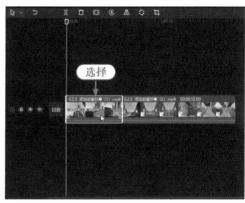

图 6-34　选择第 1 个视频素材

③ ❶切换至"动画"操作区的"出场"选项卡；❷选择"漩涡旋转"动画效果，如图6-35所示。

④ 选择第2个视频素材，❶切换至"入场"选项卡；❷同样选择"漩涡旋转"动画效果，如图6-36所示。

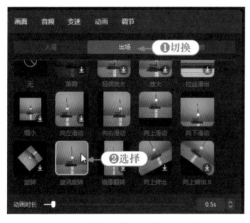

图 6-35　选择"漩涡旋转"动画效果

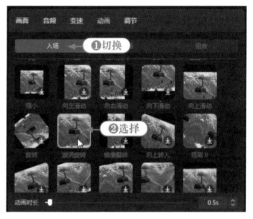

图 6-36　选择相同的动画效果

6.3　合成处理

在抖音、快手、视频号、淘宝、拼多多等平台上，我们经常可以看到各种创意十足的合成视频效果，画面酷炫又神奇。虽然这类视频看起来很难制作，但只要掌握了本节介绍的这些技巧，相信大家都能轻松做出同样的视频效果。

6.3.1　画中画蒙版合成

使用"蒙版"功能不仅可以轻松做出各种形状的画面合成效果，还可以更改画面的不透明度，实现视频画面的叠加效果，如图6-37所示。

图 6-37　预览视频效果

下面介绍使用画中画蒙版合成视频的具体操作方法。

 在剪映中导入2个视频素材，并将第1个视频素材添加到视频轨道，如图6-38所示。

 将第2个视频素材拖曳至画中画轨道，如图6-39所示。

专家提醒

　　蒙版最突出的作用就是遮挡，无论是什么样的蒙版，都需要对画面的某些区域起到遮挡作用。蒙版可以很好地控制画中画轨道的显示效果或隐藏效果，让我们在不破坏视频的情况下反复编辑画面，直至得到需要的画面合成效果。混合模式则用于控制视频轨道与各画中画轨道之间的像素颜色相互融合的效果。

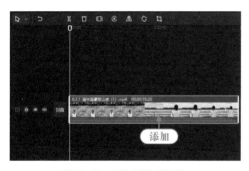

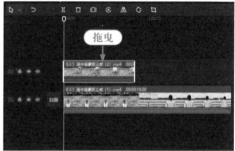

图 6-38　添加到视频轨道　　　　　　　图 6-39　拖曳至画中画轨道

3　选择画中画轨道中的视频素材，❶在"画面"操作区中，切换至"蒙版"选项卡；❷选择"线性"蒙版，如图 6-40 所示。

4　在"播放器"面板中，适当调整蒙版的位置和角度，如图 6-41 所示。

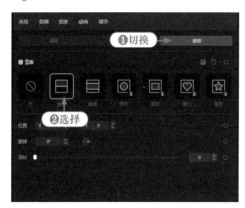

图 6-40　选择"线性"蒙版　　　　　　图 6-41　调整蒙版的位置和角度

5　❶切换至"动画"操作区的"出场"选项卡；❷选择"渐隐"动画效果，如图 6-42 所示。

6　设置"动画时长"为 1s，如图 6-43 所示，添加出场动画效果。

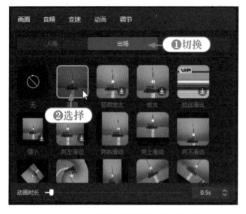

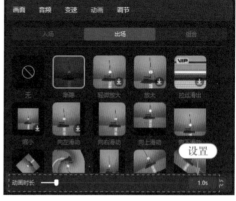

图 6-42　选择"渐隐"动画效果　　　　图 6-43　设置"动画时长"参数

6.3.2 色度抠图合成

　　色度抠图功能的原理是选取一些特定的颜色，系统会自动将该颜色从画面中抠出，拍电影时常用的绿布拍摄就是利用了这个原理。剪映中，运用色度抠图功能可以抠出视频中不需要的色彩，从而留下想要的视频画面。运用这个功能可以套用很多素材，比如运用"相机拍照"这个素材，让画面从相机取景器中显示出来，营造出身临其境的视觉效果，如图6-44所示。

图 6-44　预览视频效果

　　下面介绍使用色度抠图功能合成视频的具体操作方法。

　　1 在剪映中导入1个视频素材和1个绿幕素材，❶将视频素材添加到视频轨道；❷将绿幕素材拖曳至画中画轨道，如图6-45所示。

　　2 选择画中画轨道中的绿幕素材，❶在"画面"操作区中切换至"抠像"选项卡；❷选中"色度抠图"复选框；❸单击"取色器"按钮，如图6-46所示。

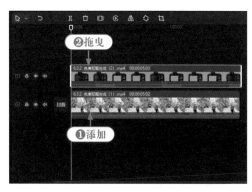

图 6-45　添加素材至相应轨道　　　　　图 6-46　单击"取色器"按钮

　　3 在"播放器"面板中单击绿色的区域，选取颜色，如图6-47所示。

　　4 在"抠像"选项卡中设置"强度"和"阴影"均为100，如图6-48所示，然后适当调整绿幕素材的位置。

图 6-47　选取颜色

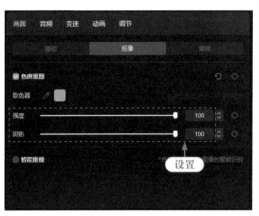

图 6-48　设置相应的参数

 ### 6.3.3　智能抠像合成

剪映的智能抠像功能可以将视频中的人像部分抠出来。用这种方法抠取人像并放到新的背景视频中，可以制作出特殊的视频效果，如图6-49所示。

图 6-49　预览视频效果

下面介绍使用智能抠像功能合成视频的具体操作方法。

 在剪映中导入2个视频素材，如图6-50所示。

 ❶将背景视频素材添加到视频轨道；❷将人物视频素材拖曳至画中画轨道，如图6-51所示。

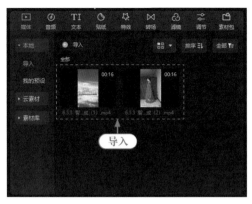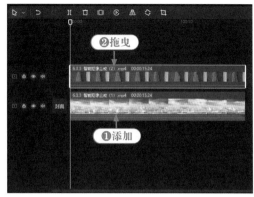

图6-50 导入相应素材　　　　　　　　图6-51 添加素材至对应轨道

3 选择画中画轨道中的视频素材，❶在"画面"操作区中切换至"抠像"选项卡；❷选中"智能抠像"复选框，抠出视频中的人物；❸适当调整人物的大小和位置，效果如图6-52所示。

图6-52 抠像并调整人物的大小和位置

第 7 章

短视频文案：内容策划技巧与添加文字

电商短视频的文案与普通短视频的文案区别很大，前者是一种直销形式的文案，也就是说，要直接说出产品的卖点。同时，与传统电商模式不同，电商短视频是一种一对多的营销模式，可以用文案创造出一个虚拟的销售人员，通过文字向用户推荐产品。

7.1 文案的设计原则

电商短视频文字的文案内容必须精准，而且不能过度使用，否则会影响用户的观看体验，导致用户对视频中的产品麻木无感。本节将介绍电商短视频的文案设计原则，帮助商家快速打造吸睛的文案内容。

7.1.1 准确描述时间和特点

首先，要在电商短视频中通过文案将准确的时间告诉用户，让他们做到心中有数，不会错过各种既得利益。图7-1所示为一个精准描述时间的电商短视频文案，能够提高用户的获得感。

例如，商家可以在电商短视频中直接告诉用户，本产品在举行某项优惠活动，这个活动到哪天截止；在这个活动期内，用户能够得到的利益是什么。此外，商家还需要提醒用户，活动期结束后，如果再想购买产品，就要花更多的钱。

参考口播文案："这款服装，我们做优惠降价活动，今天（xx月xx日）就是最后一天了，您还不考虑入手一件吗？过了今天，价格就会回到原价位，和现在的价位相比，足足多了几百块呢！如果您想购买这款服装，要尽快下单哦，机不可失，时不再来。"

商家通过视频向用户推荐产品时，可以通过准确描述时间的方式给他们造成紧迫感，同时可以通过视频界面的公告牌和悬浮图片素材中的文案来提醒用户。

其次，商家需要在视频中准确描述产品的特点和使用效果，而且能够与用户的需求精准对接，将产品特色和用户痛点完美结合，相关示例如图7-2所示。要写出有特点的文案，商家需要全身心地亲自体验产品，用自己的真实感受打动用户。

图 7-1　精准描述时间的文案示例

图 7-2　精准描述特点的文案示例

 7.1.2　精准表达产品拥有感

设计电商短视频的文案时，商家可以适当抬高产品的价值，将用户拥有该产品后的感受描述出来，让他们从视频中获得短暂的"拥有感"，这样更能刺激用户的购买欲望，相关示例如图7-3所示。

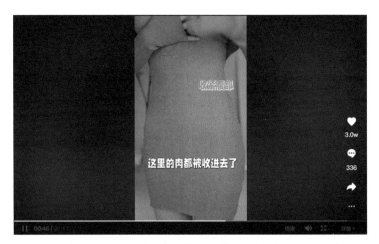

图 7-3　精准表达"拥有感"的文案示例

 7.1.3　准确使用感官形容词

在电商短视频的文案中，要使用准确的感官形容词，包括味觉感官、嗅觉感官、视觉感官、听觉感官及动态感官等，这样可以加强用户对产品的感受，同时使文案的可信度更高。图7-4所示的短视频中，商家通过"脆甜爽口"等感官形容词来描述苹果的口感，构建出了生动的画面感。

图 7-4　准确使用感官形容词的文案示例

 7.1.4　准确体现产品独特性

　　商家可以认真研究产品的卖点，写出能够展现产品独特性的电商短视频文案，避免出现同质化的文案内容，具体方法如下。

　　▶ 参考竞品的电商短视频文案，从中找到不同的切入点。

　　▶ 参考跨类别的产品文案，将其中的精华内容与自己的产品结合。

　　只要商家能够写出独特性的文案，就能够达到快速占领用户心智的效果，相关示例如图7-5所示。

图 7-5　准确体现产品独特性的文案示例

 7.1.5　准确体现产品针对性

　　在电商短视频中准确体现产品的针对性，是指针对用户的某个需求或某个痛点来说的，可以多用"你""他"等字眼，这样能够让文案内容更加生动，相关示例如图7-6所示。

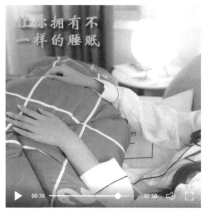

图 7-6　准确体现产品针对性的文案示例

在电视广告打造品牌的时代，企业和商家都在强调卖点的重要性，即产品的优势及特征。图 7-7 所示为在方案中突出产品卖点的示例。

图 7-7　在文案中突出产品的卖点

与卖点不同，痛点强调的是用户的诉求和体验，主要是从用户自身出发的。以一款免熨衬衫为例，为了击中用户的痛点，第一步应该找到并总结归纳所有普通衬衫的痛点，具体内容如图 7-8 所示；第二步就是根据这些痛点，对这款免熨衬衫进行包装和设计，有针对性地击中用户的某个痛点，使这款产品成为爆款产品。

图 7-8　普通衬衫的痛点

专家提醒

　　电商短视频的文案不仅要求简单明了，还要求能够直击用户痛点。痛点就是通过对人性的挖掘，全面解析产品和市场；痛点就是正中用户下怀，使他们对产品产生渴望和需求；痛点就潜藏在用户的身上，需要商家探索和发现。

7.2 文案的策划技巧

对于电商短视频中的文案，要兼顾感性和理性，同时还要站在用户的角度去思考，用户的需求就是文案的卖点。本节将介绍一些电商短视频的文案策划技巧，帮助商家快速提高产品的点击率和转化率。

7.2.1 短视频口播文案的切入点

文案是指具有产品属性的文字，能够一针见血地指出用户的购买需求。如果电商短视频采用口播文案形式，也就是通过语音来表达文案内容，那么搭配较快的语速、清晰的吐字，就能够引发用户的冲动消费。在撰写口播文案时，需要不断进行优化，具体可以从以下5个方面切入，如图7-9所示。

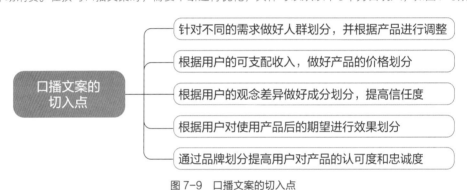

图 7-9　口播文案的切入点

图7-10所示的电商短视频，采用的就是以成分划分为切入点的口播文案；图7-11所示的电商短视频，采用的则是以效果划分为切入点的口播文案。

图 7-10　以成分划分为切入点的口播文案　　图 7-11　以效果划分为切入点的口播文案

7.2.2 策划能带货的短视频文案

短视频已成为一种不可或缺的电商营销方式，商家要想写好其中的文案，还必须了解文案的带货效应，如图7-12所示。

首因效应	这是一种先入为主的文案表达方式，能够让用户形成"第一印象"效应，从而让视频内容快速占领用户的心智
超限效应	电商短视频中的文案需要与画面进行配合，同时要做到张弛有度，对用户的消费刺激不能过多、过强，作用时间不能过久，否则物极必反，会让用户产生不耐烦的心理
木桶效应	撰写电商短视频的文案时不能只盯着卖点，也要适当关注一下产品的短板，把这些短板补齐才能让木桶装更多的水，从而对用户形成更长久的"种草"效果

图7-12　3种文案带货效应

例如，图7-13所示的外卖广告的短视频，文案内容非常注重对"度"的把握，并没有一味地刺激用户，而是在一些关键时间点击中用户痛点，这就是满足"超限效应"的一种表现。

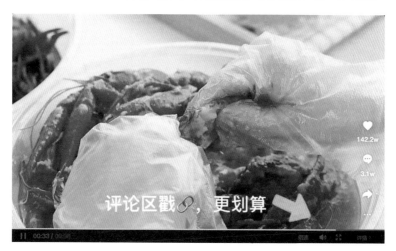

图7-13　外卖广告短视频

7.2.3 策划能提高成交率的文案

商家在使用电商短视频带货时，除了把产品很好地展示给用户，最好还能掌握一些带货技巧和成交方法，这样才能更好地进行产品的推销，提高短视频的带货能力。下面介绍8种常用的电商短视频文案成交法，如图7-14所示。

分享成交法	以好物分享的方式介绍产品，文案要简明扼要、重点突出
超值成交法	通过自问自答的方式将产品的优惠信息更好地展现出来
价格成交法	通过与竞品对比价格的方式让用户觉得该产品物超所值
产地成交法	在产品文案中突出一手货源、日期新鲜、性价比高等优势
降价成交法	通过模拟用户询价的场景，突出自身产品的降价幅度
直接成交法	直接介绍产品的优势和特色，省却用户不必要的询问过程
逻辑成交法	采取逻辑推理的方式，层层递进地将产品的卖点描述出来
间接成交法	介绍和产品密切相关的其他事物，衬托产品本身的卖点

图 7-14　8 种电商短视频文案成交法

由于每个人的消费心理和关注点都是不一样的，面对合适且有需求的产品时，用户仍然会由于各种细节因素而放弃下单。面对这种情况，商家需要借助一定的销售技巧和文案来突破用户的心理防线，促使他们完成下单行为。

7.3 文字的设计技巧

在电商短视频中添加字幕，可以让用户在短短几秒内看懂更多视频内容。同时这些文字还有助于用户记住商家要表达的信息，促进收藏产品并下单。本节将以剪映电脑版为例，介绍添加文字、识别字幕及添加贴纸等电商短视频文字效果的操作技巧。

7.3.1 添加文字效果

剪映除了剪辑视频外，还可以为拍摄的电商短视频添加合适的文字内容。同时，剪映提供了多种文字样式，商家可以根据视频主题添加合适的文字样式，效果如图7-15所示。

图 7-15　预览视频效果

下面介绍添加文字效果的具体操作方法。

1 在剪映中导入1个视频素材，并将其添加到视频轨道，如图7-16所示。

2 在功能区中单击"文本"按钮，如图7-17所示。

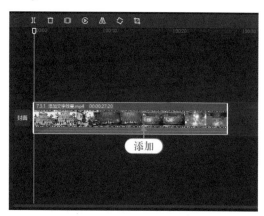

图 7-16　添加到视频轨道　　　　　图 7-17　单击"文本"按钮

3 在"新建文本"选项卡中，单击"默认文本"选项右下角的"添加到轨道"按钮⊕，如图7-18所示。

4 在"文本"操作区的"基础"选项卡中输入相应文字，如图7-19所示。

5 适当设置文字的"字体""字号"和"样式"，如图7-20所示。

6 ❶选中"描边"复选框；❷设置"颜色"为深黄色，"粗细"为20，如图7-21所示。

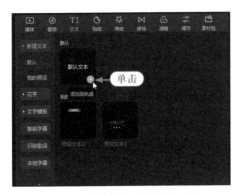

图 7-18　单击"添加到轨道"按钮

图 7-19　输入相应文字

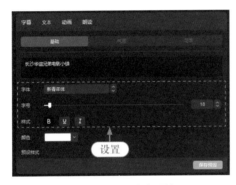

图 7-20　设置文字属性

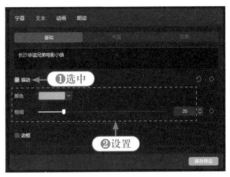

图 7-21　设置描边参数

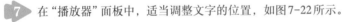
7　在"播放器"面板中，适当调整文字的位置，如图7-22所示。

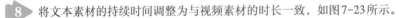
8　将文本素材的持续时间调整为与视频素材的时长一致，如图7-23所示。

图 7-22　调整文字的位置

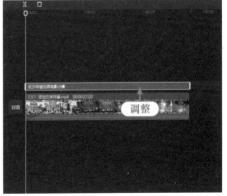

图 7-23　调整文本素材的持续时间

7.3.2　添加文字模板

剪映中提供了丰富的文字模板，能够帮助商家快速制作出精美的电商短视频文字，如图7-24所示。

图 7-24　预览视频效果

下面介绍添加文字模板的具体操作方法。

1 在剪映中导入1个视频素材，并将其添加到视频轨道，如图7-25所示。

2 在"文本"功能区中单击"文字模板"按钮，如图7-26所示。

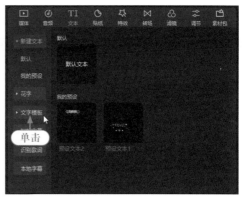

图 7-25　添加到视频轨道　　　　　图 7-26　单击"文字模板"按钮

3 在"文字模板"列表中选择"字幕"选项，如图7-27所示。

4 单击相应的文字模板右下角的"添加到轨道"按钮⊕，如图7-28所示。

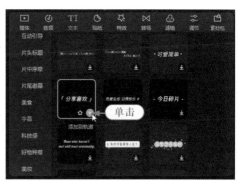

图 7-27　选择"字幕"选项　　　　　图 7-28　单击"添加到轨道"按钮

5 在"文本"操作区的"第1段文本"文本框中，❶输入相应的文字；❷在"播放器"面板中适当调整文字的大小和位置，如图7-29所示。

图 7-29　调整文字的大小和位置

6 将文字模板的持续时间调整为与视频素材的时长一致，如图7-30所示。

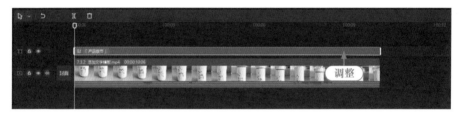

图 7-30　调整文字模板的持续时间

7.3.3　识别视频字幕

剪映的"识别字幕"功能准确率非常高，能够快速识别电商短视频中的口播文案并同步添加字幕，效果如图7-31所示。

图 7-31　预览视频效果

下面介绍识别视频字幕的具体操作方法。

1 在剪映中导入1个视频素材，并将其添加到视频轨道，如图7-32所示。

2 在"文本"功能区中单击"智能字幕"按钮，如图7-33所示。

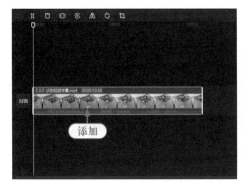

图 7-32 添加到视频轨道

图 7-33 单击"智能字幕"按钮

3 单击"识别字幕"下方的"开始识别"按钮，如图7-34所示。

4 稍等片刻，即可自动生成对应的字幕，如图7-35所示。

图 7-34 单击"开始识别"按钮

图 7-35 生成对应的字幕

5 在"文本"操作区的"基础"选项卡中，选择相应的预设样式，如图7-36所示。

6 在"播放器"面板中，适当调整文字的大小和位置，如图7-37所示。

图 7-36 选择相应的预设样式

图 7-37 调整文字的大小和位置

7.3.4 给文字添加配音

剪映的朗读功能可以自动将电商短视频中的文字内容转化为语音，从而提升用户的观看体验，效果如图7-38所示。

下面介绍给文字添加配音的操作方法。

1 在剪映中导入1个视频素材，并将其添加到视频轨道，如图7-39所示。

2 添加一个默认文本并输入相应的文字，适当调整其时长，如图7-40所示。

图 7-38 预览视频效果

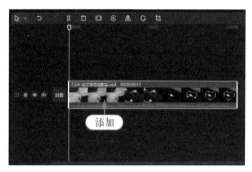

图 7-39 添加到视频轨道

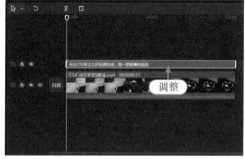

图 7-40 调整文字的时长

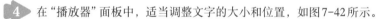

3 在"文本"操作区的"花字"选项卡中，选择相应的花字样式，如图7-41所示。

4 在"播放器"面板中，适当调整文字的大小和位置，如图7-42所示。

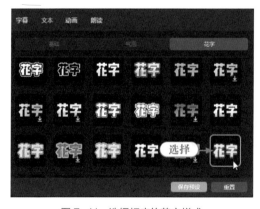

图 7-41 选择相应的花字样式

图 7-42 调整文字的大小和位置

5 在"朗读"操作区中，❶选择"小姐姐"选项；❷单击"开始朗读"按钮，如图7-43所示。

6 执行操作后，即可生成与文字对应的音频，如图7-44所示。

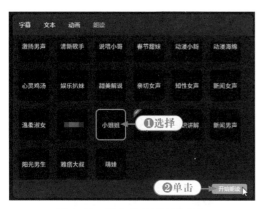

图7-43 单击"开始朗读"按钮

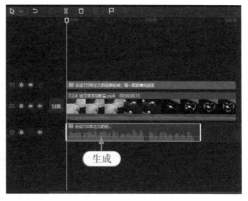

图7-44 生成音频

 7.3.5 制作文字动画

剪映的文字动画功能分为入场、出场和循环3种。"入场"是指文字进入画面时的动态效果；"出场"是指文字退出画面时的动态效果；"循环"是指重复显示文字的动态效果。本实例的效果如图7-45所示。

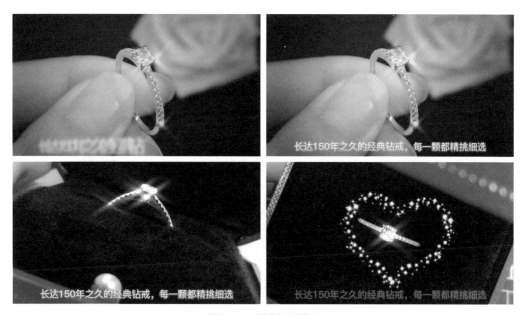

图7-45 预览视频效果

下面介绍制作文字动画效果的操作方法。

1 在上一小节的基础上，选择文本素材，在"动画"操作区的"入场"选项卡中，❶选择"逐字显影"选项；❷设置"动画时长"为1.5s，如图7-46所示。

2 ❶切换至"出场"选项卡; ❷选择"渐隐"选项; ❸设置"动画时长"为1s, 如图7-47所示。

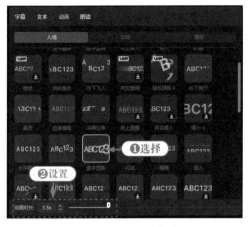

图 7-46 设置"入场"动画　　　　图 7-47 设置"出场"动画

 ## 7.3.6　添加文字贴纸

剪映能够直接给电商短视频添加文字贴纸效果, 让视频画面更加精彩、有趣。这样不仅可以吸引用户的目光, 还可以增强购物的氛围感, 效果如图7-48所示。

图 7-48 预览视频效果

下面介绍添加文字贴纸的操作方法。

1 在剪映中导入1个视频素材, 并将其添加到视频轨道, 如图7-49所示。

2 在功能区中单击"贴纸"按钮, 如图7-50所示。

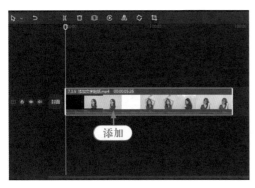

图 7-49 添加到视频轨道

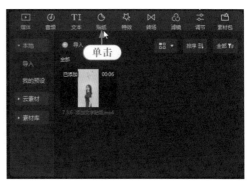

图 7-50 单击"贴纸"按钮

3 ❶执行操作后，切换至"贴纸"功能区；❷在"贴纸素材"搜索框中输入"电商"，如图7-51所示。

4 在弹出的下拉列表中选择"电商促销"选项，如图7-52所示。

图 7-51 输入"电商"

图 7-52 选择"电商促销"选项

5 在搜索结果中，选择相应的贴纸，单击"添加到轨道"按钮❶，如图7-53所示。

6 在"播放器"面板中，适当调整贴纸的大小和位置，如图7-54所示。

图 7-53 单击"添加到轨道"按钮

图 7-54 调整贴纸的大小和位置

7 在时间线面板中，适当调整贴纸素材的出现时间和播放时长，使其结束位置与视频素材的结束位置一致，如图7-55所示。

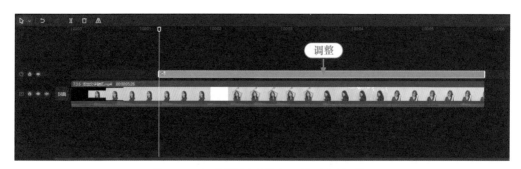

图 7-55　调整贴纸素材的出现时间和播放时长

第 **8** 章

短视频封面：爆款模板应用与制作技巧

对于电商短视频的后期制作来说，封面也是不可忽视的重要视觉元素。用户进入商家的短视频账号个人主页后，在作品列表中即可看到各个短视频的封面，有吸引力的视频封面自然会让用户忍不住点击查看。

8.1 封面设计的基本原则

用户一旦进入了你的短视频账号个人主页，就说明他被你的视频内容吸引了，他希望从你的个人主页中看到更多喜欢的短视频，这一点是毋庸置疑的。当用户在你的个人主页查找其他短视频时，如果你的视频封面非常杂乱且没有美感，用户难免会感到失望。

因此，电商短视频的封面也需要大家花一番心思去设计，这样才能把用户留下来，让用户持续关注你的短视频内容，进而创造更多的成交机会。

8.1.1 风格尽量统一

对于电商短视频来说，视频封面的风格要尽量统一，包括第一帧画面和景别，以及字幕的位置、字体和大小等，这些都可以采用统一的设计风格。

图8-1所示为某美食博主的抖音个人主页，从作品列表中可以看到，其视频封面都采用美食图片作为背景，封面文案都是相应的美食名称，而且字体、颜色等都是相同的。这种统一的封面设计风格，能够更好地塑造美食博主的人设。

图 8-1 风格统一的视频封面示例

8.1.2 用合集功能更换封面的风格

商家在设计视频封面时，可以尝试使用不同的风格。如果想要更换视频封面的风格，那么可以采用视频合集的方式，一个合集里面的短视频都采用风格统一的视频封面。例如，抖音的合集功能就非常强大，对于那些播放量低、没有搜索流量、不涨粉或带货不出单的短视频，都可以利用合集功能进行引流。下面介绍抖音合集功能的使用技巧。

1 登录抖音创作服务平台，在左侧导航栏中选择"内容管理>合集管理"选项，如图8-2所示。

图 8-2　选择"合集管理"选项

2 执行操作后，进入"我的合集"页面，单击"自定义创建合集"按钮，如图8-3所示。

图 8-3　单击"自定义创建合集"按钮

3 执行操作后，进入"创建合集"页面，❶输入相应的合集标题和合集简介；❷单击"上传合集封面"，如图8-4所示。

4 执行操作后，弹出"打开"对话框，❶选择相应的合集封面图片；❷单击"打开"按钮，如图8-5所示。

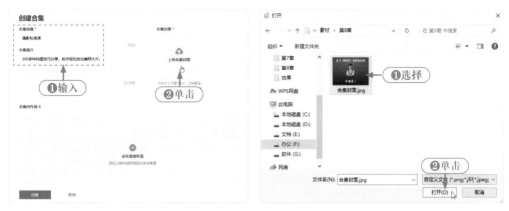

图 8-4 单击"上传合集封面"　　　　　图 8-5 单击"打开"按钮

5 执行操作后，弹出"设置封面"对话框，❶适当裁剪封面图片；❷单击"保存"按钮，如图8-6所示。

6 ❶执行操作后，即可上传合集封面图片；❷在"合集内作品"选项区中单击"点击添加作品"按钮，如图8-7所示。

图 8-6 单击"保存"按钮　　　　　图 8-7 单击"点击添加作品"按钮

7 执行操作后，在弹出的"作品列表"中单击所选作品右侧的"+"按钮，如图8-8所示。

8 使用相同的操作方法添加多个作品，然后关闭"作品列表"，这样即可将作品添加到"全部作品"列表中。确认后单击"创建"按钮，如图8-9所示。

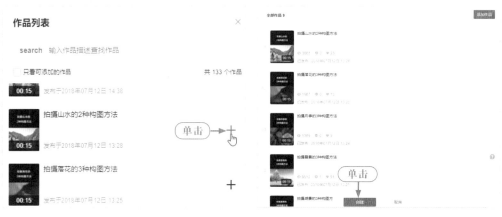

图 8-8　单击"＋"按钮　　　　　　　图 8-9　单击"创建"按钮

9 执行操作后，即可创建合集，如图 8-10 所示。

图 8-10　创建合集

创建合集后，可以将封面风格相同的短视频都添加进去，这样能吸引用户观看合集中的其他短视频，从而提高短视频账号的整体播放量，如图 8-11 所示。

图 8-11　播放合集中的短视频

8.1.3 有明确的定位

短视频的封面与内容定位要基本一致，在设计时需要以用户为核心，根据用户的喜好来制作。商家需要确定短视频的用户群体和属性，了解他们喜欢什么东西，喜欢什么样的内容，以及对哪些人感兴趣，从而做出适合的视频封面。

图8-12所示为一个专门分享各种小玩意儿的短视频博主的个人主页，其短视频封面就是一些好吃、好玩、好用的小零食和生活用品。其中精美的封面图片搭配简单的标题文字，对喜欢购买这类商品的用户非常具有吸引力。

图 8-12 分享各种小玩意儿的短视频博主的个人主页

做短视频的封面时，最好加上标题文字，同时使用合适的字体和颜色来突出标题。这样能够帮助用户快速找到他们想看的内容，从而获得用户的好感，用户也会更愿意关注你的账号并购买所推荐的产品。

8.2 封面设计的爆款模板

相信经常刷抖音的人都有过这样的经历：在看到好看的短视频后，通常会不由自主地进入博主的个人主页，看到自己感兴趣的视频封面后又会再次点击查看，看完后甚至还会关注该博主的账号。

由此可见，优质短视频封面图的作用是相当大的。它不仅有助于提高短视频的点击率，还能提高账号的粉丝量和带货产品的销量。

那么，我们应该如何设计电商短视频的封面呢？本节将分享5个爆款封面模板，帮助大家做出更适合自己的电商短视频封面。

8.2.1　漂亮迷人的颜值封面

短视频平台上，用户给短视频点赞的很大原因，是他们被短视频的颜值给迷住了。比起其他的封面形式，好看的事物确实更容易获取用户的好感。其中，颜值是指对人、物和环境外观特征优劣程度的评定，那些好看的事物常常被人冠以"高颜值"的称赞。

因此，设计电商短视频的封面时，首先可以选择那些"高颜值"的封面，这样能够让用户感到赏心悦目，情不自禁地去查看短视频。对于真人出镜类、旅行摄影类、美食带货类的短视频，颜值封面非常适合，同时还可以进行一些美化处理，让视频封面变得更吸睛。

图8-13所示为"龙飞摄影"的视频号主页，短视频封面都是一些"高颜值"的风景照片，很容易让用户产生向往之情，用户可能会希望自己也能拍出这样漂亮的风景。同时，博主还会在朋友圈中推荐摄影图书，便于用户购买和学习，如图8-14所示。

图 8-13　颜值封面示例　　　　　　图 8-14　朋友圈带货

8.2.2　实用而有效的内容封面

内容封面是指将电商短视频的核心内容提炼成主题文字，并将其放到封面图上，为用户提供某种利益点，让用户为内容所动。

内容封面比较适合能够为用户带来某种价值的电商短视频，如知识类、技能类、指南类、教程类的短视频，如图8-15所示。制作内容封面时，需要通过简洁的文字来阐述内容的实用价值，而且这个价值能够满足用户的某些需求，从而快速引起用户的观看兴趣。

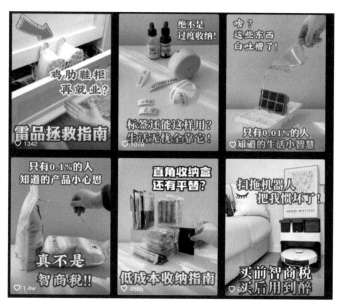

图 8-15　内容封面示例

8.2.3　动人心弦的悬念封面

好奇是人的天性，悬念封面就是利用人的好奇心来设计的。视频封面中的悬念是一个诱饵，用于引导用户查看短视频的内容。大部分人看到封面里有未解答的疑问或悬念时，会非常急切地去短视频中寻找答案，这就是悬念封面背后的逻辑。设计悬念封面的方法通常有4种，如图8-16所示。

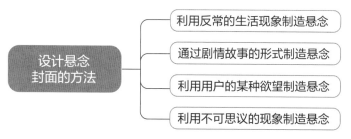

图 8-16　设计悬念封面的方法

设计悬念封面的主要目的是增强短视频的可看性。大家需要注意的是，使用这种类型的封面时，一定要确保短视频内容能够让用户感到惊奇、充满悬念，否则会引起用户的不满。一旦用户发现你的短视频不过是个"标题党"，通常会毫不犹豫地关闭这个短视频，甚至会直接取关（取消关注）。

8.2.4　引人入胜的故事封面

做电商短视频同样需要会讲故事，这样做出来的视频才有可看性。故事封面就是在封面中添加一个小故事，这个故事要简短易懂，或者有一定的趣味性，能够吸引用户的眼球。故事封面非常适合情景短剧类的电商短视频，如图8-17所示。

图8-17中有一个视频封面的标题为"周末约朋友来家里聚会吃火锅"，其内容就是通过情景短剧的方式，讲述好友聚会中的趣事，如图8-18所示。同时，博主还在视频中无痕植入了自家的牛小排火锅产品，让用户在看故事的同时，忍不住想要用这个火锅产品和自己的朋友来一次聚餐。

图8-17　故事封面示例　　　　　　　　　图8-18　情景短剧

设计故事封面时，可以用背景图片或文字来调动用户的情绪，让用户产生某种共鸣。需要注意的是，封面故事一定要和内容有关联。在视频内容中，我们还可以用反差来增强故事的趣味性，从而给用户带来新鲜感。

 8.2.5　热点造势的借势封面

借势封面是指在视频封面上借助与社会上的一些时事热点、新闻相关的词汇，给电商短视频造势，增加播放量。借势热点是一种常用的视频封面设计手法，借势所带来的流量不仅是完全免费的，而且引流效果很可观。

借势封面一般是借助最新的热门事件来吸引用户的眼球。一般来说，时事热点拥有大批的关注者，而且传播的范围非常广。借助这些热点，电商短视频的封面和内容的曝光率会得到明显的提高。

那么，在设计借势封面的时候，应该掌握哪些技巧呢？图8-19所示为设计借势封面的3个技巧。

设计借势封面的3个技巧
- 时刻保持对时事热点、新闻的关注
- 懂得把握借势热点的时机
- 将娱乐圈热门事件作为封面内容

图8-19　设计借势封面的3个技巧

专家提醒

　　设计借势封面时，大家要注意两个问题：一是带有负面影响的热点不要蹭，在大方向上要保持积极向上的态度，内容要充满正能量，能够带给用户正确的价值观；二是最好在借势封面中加入自己的想法和创意，然后将短视频内容与之结合，做到借势和创意完美同步。

　　制作借势封面时，如果一时找不到合适的热点来蹭，那么查看抖音的热门话题是一个不错的方法。在抖音的短视频信息流中可以看到，几乎所有的电商短视频中都添加了话题，如图8-20所示。

图 8-20　电商短视频中随处可见的话题

　　给电商短视频添加话题，其实就等于给内容打上了标签，让平台快速了解这个内容是属于哪个标签。不过，大家在添加话题时，要添加同领域的话题，这样才可以蹭到这个热点话题的流量。

　　也就是说，话题可以帮助平台精准地定位我们所发布的视频内容。通常情况下，一个短视频的话题为3个，具体应用规则如图8-21所示。

图 8-21　短视频话题的应用规则

8.3　快速制作电商短视频封面

　　掌握了电商短视频封面的设计原则和爆款模板后，相信大家对好的封面效果已经有了一定的了解，那么视频封面具体要怎么做呢？本节将介绍制作电商短视频封面的相关技巧，帮助大家快速做出爆款封面图。

8.3.1　从视频帧中选择封面

　　如果短视频中本身就有一些好看的画面，则可以用剪映直接选取视频中较为精彩或漂亮的一帧作为电商短视频的封面。这样做既省事，又能带来不错的观赏效果。本实例效果如图8-22所示。

图 8-22　预览视频效果

下面介绍从视频帧中选择封面的具体操作方法。

1　在剪映中导入1个视频素材，并将其添加到视频轨道，如图8-23所示。

2　在视频轨道的左侧，单击"封面"按钮，如图8-24所示。

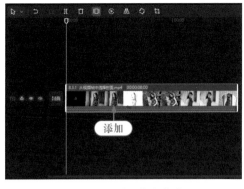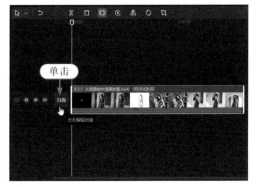

图 8-23　添加到视频轨道　　　　　　图 8-24　单击"封面"按钮

3　执行操作后，弹出"封面选择"对话框，如图8-25所示。

4　在下方的视频轨道中，拖曳黄色的时间指示器，选择相应的视频帧，同时预览区域会显示该视频帧的画面效果，如图8-26所示。

5 单击"去编辑"按钮，弹出"封面设计"对话框，单击"裁剪"按钮 **◱**，如图8-27所示。

6 执行操作后，预览区域会显示裁剪控制框，❶适当调整裁剪控制框的大小和位置；❷单击"完成裁剪"按钮，如图8-28所示。

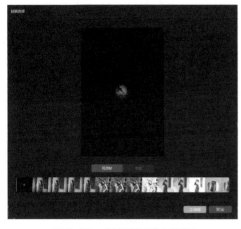

图 8-25　"封面选择"对话框

图 8-26　选择相应的视频帧

图 8-27　单击"裁剪"按钮

图 8-28　单击"完成裁剪"按钮

7 ❶执行操作后，即可裁剪视频封面；❷单击"完成设置"按钮，如图8-29所示。

8 执行操作后，即可添加视频封面，如图8-30所示。

图 8-29　单击"完成设置"按钮

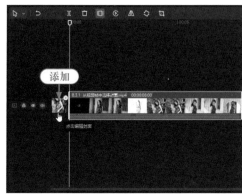

图 8-30　添加视频封面

专家提醒

　　在剪映中为视频设置封面后，当我们导出视频时，系统会同时导出做好的封面图片，这样方便将其用于其他短视频或上传到其他电商平台，如图8-31所示。

图 8-31　导出的视频文件和封面图片

8.3.2　从本地上传封面图片

　　如果短视频中没有适合作为封面的视频帧，那么可以使用Photoshop等图片编辑软件制作封面图，然后通过剪映从电脑或手机中上传封面图片。本实例效果如图8-32所示。

图 8-32　预览视频效果

下面介绍从本地上传封面图片的具体操作方法。

1 在剪映中导入 1 个视频素材，❶将其添加到视频轨道；❷单击"封面"按钮，如图 8-33 所示。

2 在弹出的"封面选择"对话框中，单击"本地"按钮，如图 8-34 所示。

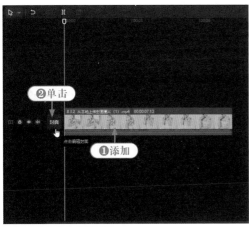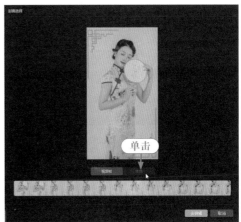

图 8-33　单击"封面"按钮　　　　　图 8-34　单击"本地"按钮

3 ❶切换至"本地"选项卡；❷单击"点击或将图片拖至此区域"按钮，如图 8-35 所示。

4 执行操作后，弹出"请选择封面图片"对话框，❶选择相应的封面图片素材；❷单击"打开"按钮，如图 8-36 所示。

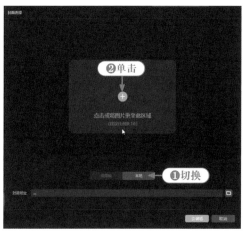

图 8-35 单击"点击或将图片拖至此区域"按钮

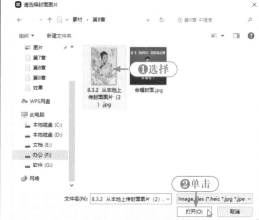

图 8-36 单击"打开"按钮

5 执行操作后，即可上传封面图片，然后根据需要对图片进行适当裁剪，如图 8-37 所示。

6 单击"去编辑"按钮，弹出"封面设计"对话框，然后单击"完成设置"按钮即可，如图 8-38 所示。

图 8-37 裁剪封面图片

图 8-38 单击"完成设置"按钮

8.3.3 在视频封面上添加文字

不管是直接从视频帧中选择封面图，还是通过本地上传封面图，我们都可以通过剪映在封面上添加标题文字，这样有助于用户大致了解短视频的主题内容。需要注意的是，大家应尽量选择具有一定参考意义或视觉冲击力的标题来表现。本实例效果如图 8-39 所示。

图 8-39 预览视频效果

下面介绍在视频封面上添加文字的具体操作方法。

1 在剪映中导入 1 个视频素材，❶将其添加到视频轨道；❷单击"封面"按钮，如图 8-40 所示。

2 弹出"封面选择"对话框，❶切换至"本地"选项卡；❷单击"浏览"按钮 ▣，如图 8-41 所示。

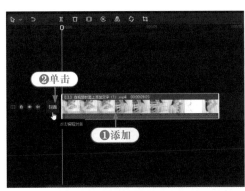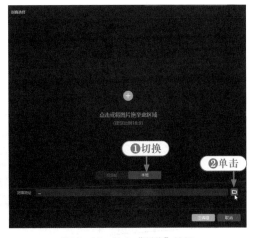

图 8-40 单击"封面"按钮　　　　　　　图 8-41 单击"浏览"按钮

3 执行操作后，弹出"请选择封面图片"对话框，❶选择相应的封面图片素材；❷单击"打开"按钮，如图 8-42 所示。

4 执行操作后，即可上传封面图片，❶适当裁剪封面图片；❷单击"去编辑"按钮，如图 8-43 所示。

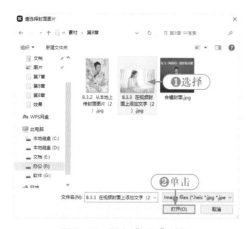

图 8-42　单击"打开"按钮

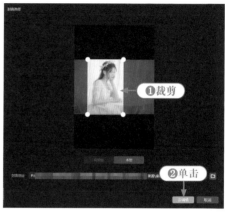

图 8-43　单击"去编辑"按钮

5　在弹出的"封面设计"对话框中，单击"文本"按钮，如图8-44所示。

图 8-44　单击"文本"按钮

6　切换至"文本"选项卡，❶单击"花字"按钮；❷选择一个适合的花字样式，如图8-45所示。

图 8-45　选择适合的花字样式

7　在"封面设计"对话框中，❶在右侧预览区域上方的文本框中输入相应的封面标题；❷适当调整文字的大小和位置；❸单击"气泡"按钮，如图8-46所示。

8　在弹出的"气泡"面板中，选择相应的气泡样式，如图8-47所示。

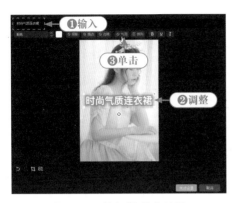

图 8-46 单击"气泡"按钮

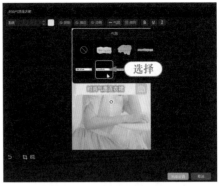

图 8-47 选择相应的气泡样式

9 ❶设置相应的字体；❷在"排列"面板中设置"字间距"为10，如图8-48所示。

10 单击"完成设置"按钮，即可添加带有标题文字的视频封面，添加效果如图8-49所示。

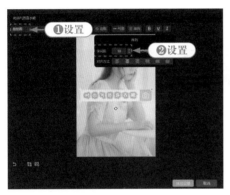

图 8-48 设置"字间距"参数

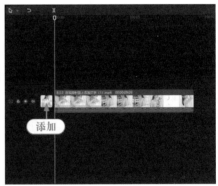

图 8-49 添加视频封面

 ## 8.3.4 使用模板一键生成封面

对于新手美工来说，剪映还提供了很多封面模板。大家可以直接套用模板，快速做出精美的视频封面。本实例效果如图8-50所示。

下面介绍使用模板一键生成视频封面的具体操作方法。

1 在剪映中导入1个视频素材，❶将其添加到视频轨道；❷单击"封面"按钮，如图8-51所示。

2 在弹出的"封面选择"对话框中，❶选择相应的视频帧；❷单击"去编辑"按钮，如图8-52所示。

图 8-50 预览视频效果

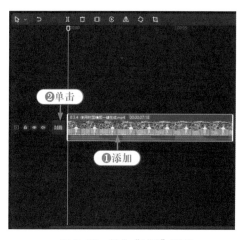

图 8-51　单击"封面"按钮

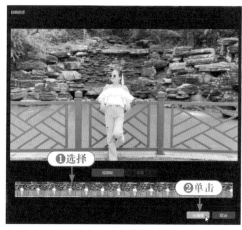

图 8-52　单击"去编辑"按钮

3　执行操作后，弹出"封面设计"对话框，在"模板"选项卡中单击"时尚"按钮，如图 8-53 所示。

图 8-53　单击"时尚"按钮

4　在"时尚"选项区中，选择相应的封面模板，如图 8-54 所示。

图 8-54　选择相应的封面模板

5 ❶选择相应的文字；❷单击"阴影"按钮；❸在弹出的"阴影样式"面板中选择相应的阴影颜色，如图8-55所示。

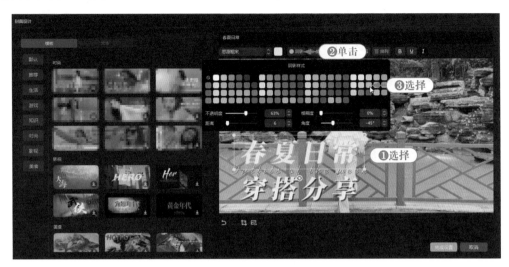

图 8-55 选择相应的阴影颜色

6 ❶单击"描边"按钮；❷在弹出的"字体描边"面板中选择相应的描边颜色；❸设置"粗细"为5，如图8-56所示。

7 使用相同的操作方法，为其他文字添加阴影和描边效果，并适当调整文字的大小和位置，如图8-57所示。

图 8-56 设置"粗细"参数

图 8-57 调整文字的大小和位置

8 单击"完成设置"按钮，即可添加视频封面，添加效果如图8-58所示。

9 在剪映主界面右上角单击"导出"按钮，弹出"导出"对话框，❶设置相应的作品名称和导出位置；❷选中"封面添加至视频片头"复选框；❸单击"导出"按钮，如图8-59所示。

将封面添加至视频片头，并将视频发布到抖音等短视频平台后，用户播放视频时，将首先看到封面效果，这也是大部分电商短视频的做法。

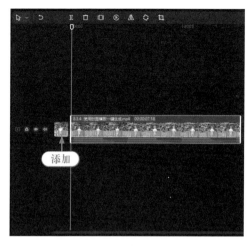

图 8-58 添加视频封面

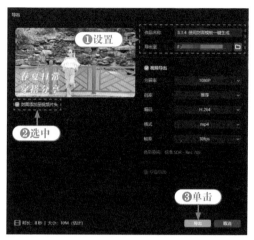

图 8-59 单击"导出"按钮

8.3.5 使用醒图制作视频封面

如果大家是在剪映手机版中添加视频封面，那么还可以从剪映中调用醒图来进行封面设计，这样可以做出更多优质的封面效果。本实例效果如图 8-60 所示。

图 8-60 预览视频效果

下面介绍使用醒图制作视频封面的具体操作方法。

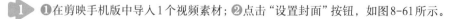❶在剪映手机版中导入 1 个视频素材；❷点击"设置封面"按钮，如图 8-61 所示。

进入"视频帧"界面，❶选择相应的视频帧作为封面；❷点击"封面编辑"按钮，如图 8-62 所示。

③ 执行操作后，即可在醒图中打开所选的封面图，然后点击"模板"按钮，如图8-63所示。

图 8-61　点击"设置封面"按钮　　图 8-62　点击"封面编辑"按钮　　图 8-63　点击"模板"按钮

④ 进入"模板"界面，点击"视频封面"选项卡，如图8-64所示。

⑤ 执行操作后，即可切换至"视频封面"选项卡，选择相应的封面模板，如图8-65所示。

⑥ ❶在预览区域中选择相应的文字；❷点击"修改文本"按钮，如图8-66所示。

图 8-64　点击"视频封面"标签　　图 8-65　选择相应的封面模板　　图 8-66　点击"修改文本"按钮

7 在弹出的文本框中，❶修改文本内容；❷点击"确认"按钮 ✓，如图8-67所示。

8 返回"文字"界面，点击"应用到剪映"按钮，如图8-68所示。

图8-67 点击"确认"按钮　　　图8-68 点击"应用到剪映"按钮

9 执行操作后，返回到剪映的"视频帧"界面，点击"保存"按钮，如图8-69所示。

10 执行操作后，即可添加视频封面，添加效果如图8-70所示。

图8-69 点击"保存"按钮　　　图8-70 添加视频封面

PART 04
第四篇

爆款制作篇

第 9 章

"种草"视频制作：
《汉服推荐》

"种草"是一个网络流行语，是指通过推荐某一商品的优秀品质，激发他人购买欲望的行为。如今，随着短视频的火爆，带货能力更好的"种草"视频也在各大新媒体和电商平台流行起来。本章将通过一个完整的案例介绍"种草"视频的制作技巧，帮助大家轻松做出爆款"种草"视频。

9.1 "种草"视频的效果展示

本实例是针对汉服产品设计的"种草"视频，最终效果如图9-1所示。商家可以将该视频发布到抖音、快手、B站等短视频平台进行"种草"带货，激发用户的购买欲望。目前短视频已经成了新的流量红利阵地，短视频中也出现了很多"种草"视频，借助短视频的优势，为电商产品带来了更多的流量和销量。

图9-1 最终效果

9.2 "种草"视频的制作过程

很多短视频达人最终会走向带货或卖货这条商业变现之路。"种草"视频能够为产品带来很多的流量,同时让达人们获得丰厚的收入。本节将介绍"种草"视频的制作过程,帮助达人和商家快速提高短视频的流量和转化率。

9.2.1 导入素材并进行美化处理
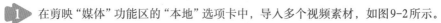

先在剪映电脑版中导入拍好的视频素材,并对视频中的人物进行美化处理,具体操作方法如下。

1 在剪映"媒体"功能区的"本地"选项卡中,导入多个视频素材,如图9-2所示。

2 ❶全选视频素材;❷单击第1个视频素材右下角的"添加到轨道"按钮➕,如图9-3所示。

图 9-2 导入多个视频素材 　　　　　　　　图 9-3 单击"添加到轨道"按钮

3 ❶执行操作后,即可将视频素材导入视频轨道;❷单击"关闭原声"按钮🔊,关闭视频原声,如图9-4所示。

图 9-4 关闭视频原声

4 在"画面"操作区的"基础"选项卡中,同时选中"智能美颜"和"智能美体"复选框,保持默认设置即可,如图9-5所示。

5 ❶切换至"调节"操作区;❷在"基础"选项卡中开启"肤色保护"功能,如图9-6所示。

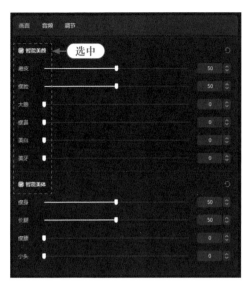

图 9-5　选中相应的复选框　　　　　　　　图 9-6　开启"肤色保护"功能

9.2.2　添加背景音乐和转场效果

种草视频的背景音乐一定要贴合主题，而且要根据素材之间的运镜变化来添加合适的转场效果，具体操作方法如下。

1 ❶切换至"音频"功能区；❷在"音乐素材"选项卡的搜索框中输入相应的音乐名称，如图9-7所示。

2 按【Enter】键确认，即可搜索音乐，在搜索结果中选择相应的音频素材，如图9-8所示。

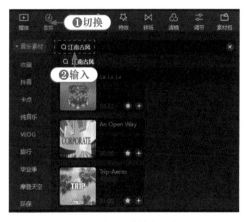

图 9-7　输入相应的音乐名称　　　　　　　　图 9-8　选择相应的音频素材

3 单击"添加到轨道"按钮⊕，即可添加背景音乐，如图9-9所示。

4 将时间指示器拖曳至前两个视频素材的连接处，如图9-10所示。

图 9-9　添加背景音乐

图 9-10　拖曳时间指示器

专家提醒 ⬤ ▷❚❙ ✕

设置视频的转场效果时,也可以用空镜头(又称"景物镜头")进行转场过渡。空镜头是指画面中只有景物而没有人物的镜头,具有非常明显的间隔效果,不仅可以渲染气氛、抒发感情、推进故事情节和刻画人物的心理状态,还能交代时间、地点和季节的变化等。

5　在"转场"功能区中,❶切换至"叠化"选项卡;❷选择"叠化"转场效果,如图9-11所示。

6　单击"添加到轨道"按钮⊕,即可添加转场效果,在"转场"操作区中将"时长"设置为2.1s,如图9-12所示。

图 9-11　选择"叠化"转场效果

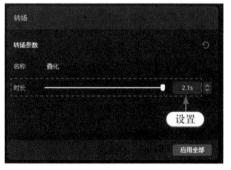
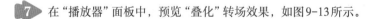

图 9-12　设置"时长"参数

7　在"播放器"面板中,预览"叠化"转场效果,如图9-13所示。

图 9-13　预览"叠化"转场效果

8 在"转场"操作区中单击"应用全部"按钮，即可将"叠化"转场效果添加到所有视频素材的连接处，添加效果如图9-14所示。

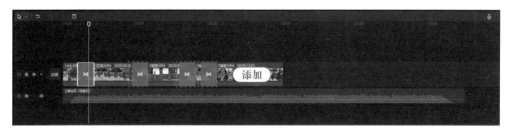

图9-14　将"叠化"转场效果添加到所有视频素材的连接处

9 在视频轨道中选择第1个视频素材，❶切换至"变速"操作区；❷在"常规变速"选项卡中设置"倍数"为0.8x，如图9-15所示。

10 在视频轨道中选择第4个视频素材，在"常规变速"选项卡中设置"倍数"为0.5x，如图9-16所示。

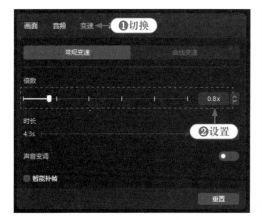

图9-15　设置第1个视频素材"倍数"参数　　图9-16　设置第4个视频素材"倍数"参数

11 执行操作后，即可调整相应视频素材的时长，如图9-17所示。

图9-17　调整相应视频素材的时长

12 剪掉多余的音频素材，使其时长与视频素材的总时长一致，如图9-18所示。

13 在"音频"操作区的"基本"选项卡中，设置"淡出时长"为2.0s，添加音频淡出效果，如图9-19所示。

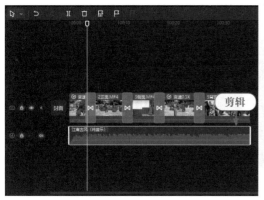

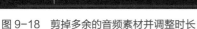

图 9-18　剪掉多余的音频素材并调整时长

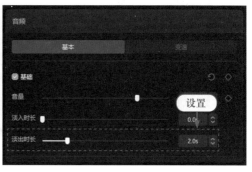

图 9-19　设置 "淡出时长" 参数

9.2.3　添加滤镜效果和画面特效

给视频添加适合的滤镜和特效,能让画面变得更加精美,可以更吸引用户的眼球。下面介绍添加滤镜效果和画面特效的具体操作方法。

① 将时间指示器拖曳至起始位置,❶在 "滤镜" 功能区中切换至 "风景" 选项卡;❷选择 "橘光" 滤镜,如图 9-20 所示。

② 单击 "添加到轨道" 按钮⊕,添加 "橘光" 滤镜效果,并将其时长调整为与视频素材的总时长一致,如图 9-21 所示。

图 9-20　选择 "橘光" 滤镜

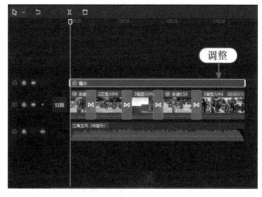

图 9-21　调整滤镜效果的时长

③ 在 "特效" 功能区中,❶切换至 "氛围" 选项卡;❷选择 "ktv 灯光 II" 特效,如图 9-22 所示。

④ 单击 "添加到轨道" 按钮⊕,添加 "ktv 灯光 II" 特效,如图 9-23 所示。

⑤ 在 "特效" 功能区中,❶切换至 "自然" 选项卡;❷选择 "落樱" 特效,如图 9-24 所示。

⑥ 单击 "添加到轨道" 按钮⊕,在 "ktv 灯光 II" 特效的后方添加 "落樱" 特效,如图 9-25 所示。

图 9-22　选择"ktv 灯光Ⅱ"特效

图 9-23　添加"ktv 灯光Ⅱ"特效

图 9-24　选择"落樱"特效

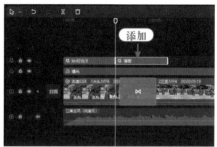

图 9-25　添加"落樱"特效

7　适当调整"落樱"特效的时长，使其结束位置与视频素材的结束位置对齐，如图9-26所示。

图 9-26　调整"落樱"特效的时长

8　将时间指示器拖曳至最后一个视频素材的起始位置，如图9-27所示。

9　在"特效"功能区的"自然"选项卡中，选择"晴天光线"特效，如图9-28所示。

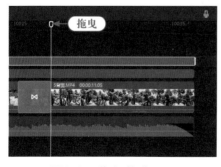

图 9-27　拖曳时间指示器

图 9-28　选择"晴天光线"特效

10 单击"添加到轨道"按钮 ⊕,添加"晴天光线"特效,如图9-29所示。

11 适当调整"晴天光线"特效的时长,使其结束位置与视频素材的结束位置对齐,如图9-30所示。

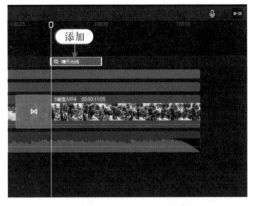
图9-29 添加"晴天光线"特效

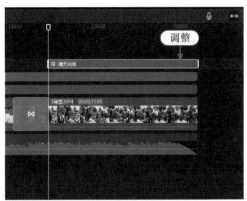
图9-30 调整"晴天光线"特效的时长

12 在"播放器"面板中,预览"晴天光线"特效,如图9-31所示。

图9-31 预览"晴天光线"特效

9.2.4 添加解说文字

"种草"视频少不了文字介绍,大家可以在其中添加店铺名称和产品介绍等内容,便于用户了解产品特色,找到相应店铺去下单。下面介绍添加解说文字的具体操作方法。

1 将时间指示器拖曳至起始位置,❶切换至"文本"功能区;❷在"文字模板"选项卡中选择一个适合的手写字模板,如图9-32所示。

2 单击"添加到轨道"按钮 ⊕,添加文字模板,并适当调整其时长,使其结束位置与第1个转场效果的开始位置对齐,如图9-33所示。

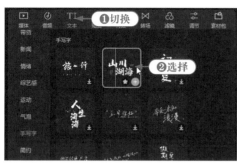

图 9-32　选择适合的手写字模板

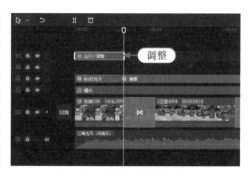

图 9-33　调整文字模板的时长

3 在"文本"操作区的"基础"选项卡中，修改文本内容，如图9-34所示。

4 展开文本设置区，选择相应的字体和预设样式，选择的预设样式如图9-35所示。

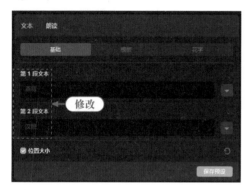

图 9-34　修改文本内容

图 9-35　选择相应的预设样式

5 为第2段文本选择相应的字体和预设样式，选择的预设样式如图9-36所示。

6 在"播放器"面板中，预览文字模板的效果，如图9-37所示。

图 9-36　选择相应的预设样式

图 9-37　预览文字模板的效果

7 将时间指示器拖曳至第1个转场效果的结束位置，如图9-38所示。

8 在"文本"功能区的"文字模板"选项卡中，选择一个适合的标签文字模板，如图9-39所示。

9 单击"添加到轨道"按钮⊕，添加文字模板，并适当调整其时长，如图9-40所示。

10 在"文本"操作区的"基础"选项卡中，修改文本内容，如图9-41所示。

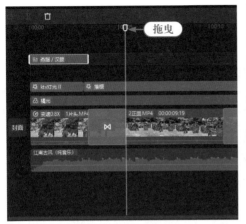

图 9-38 拖曳时间指示器

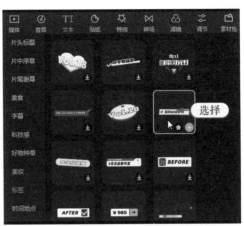

图 9-39 选择适合的标签文字模板

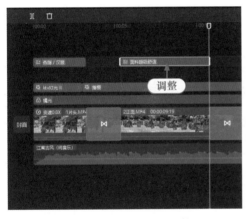

图 9-40 调整文字模板的时长

图 9-41 修改文本内容

11 在"播放器"面板中,调整文字模板的位置和大小,如图9-42所示。

12 在时间线面板中,复制上一个文字模板,将其粘贴到第3个视频素材的上方,并适当调整其时长,如图9-43所示。

图 9-42 调整文字模板的位置和大小

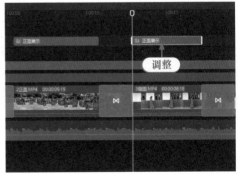

图 9-43 调整文字模板的时长

13 在"文本"操作区的"基础"选项卡中，修改文本内容，如图9-44所示。

14 在"播放器"面板中，预览文字模板的效果，如图9-45所示。

图 9-44 修改文本内容　　　　　　　　图 9-45 预览文字模板的效果

15 使用相同的操作方法，为其他视频素材添加文字模板，并适当调整其时长，如图9-46所示。

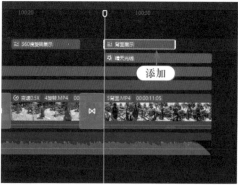

图 9-46 为其他视频素材添加文字模板

9.2.5 添加贴纸效果并导出视频

剪映中有各种各样有趣的贴纸,添加适合的贴纸效果能让视频画面显得更加丰富多彩。本小节主要为"种草"视频添加一个引导用户下单的贴纸效果,以此来增强"种草"视频的带货效果,具体操作方法如下。

1 在时间线面板中,将时间指示器拖曳至"背面展示"文字模板的结束位置,如图9-47所示。

2 在"贴纸"功能区的搜索框中输入相应的关键词,如图9-48所示。

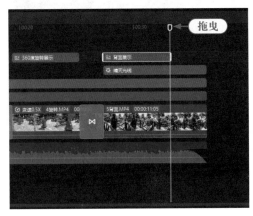

图9-47 拖曳时间指示器

图9-48 输入相应的关键词

3 按【Enter】键确认,即可显示搜索结果,然后选择相应的贴纸,如图9-49所示。

4 单击"添加到轨道"按钮⊕,将其添加贴纸轨道,并适当调整贴纸的时长,如图9-50所示。

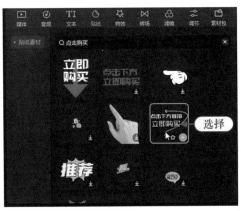

图9-49 选择相应的贴纸

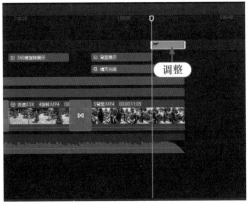

图9-50 调整贴纸的时长

5 在"播放器"面板中,适当调整贴纸的位置和大小,如图9-51所示。

6 在剪映主界面右上角单击"导出"按钮,弹出"导出"对话框,❶设置作品名称、导出位置和分辨率等;❷单击"导出"按钮即可,如图9-52所示。

图 9-51　调整贴纸的位置和大小

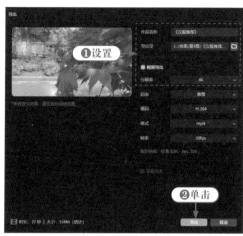

图 9-52　单击"导出"按钮

第 10 章

团购视频制作：《健身房探店》

抖音团购为商家和达人提供了新的合作机会，只要达人发布带有位置或团购的视频，就有机会获得收益，实体店商家也能获得客流量。本章主要介绍团购视频的制作技巧，以帮助商家提高实体店的知名度，并为实体店带来更多的客流量。

10.1 团购视频的效果展示

本实例是针对健身房设计的团购视频，最终效果如图10-1所示。团购带货就是商家发布团购任务，达人通过发布带位置和团购链接的相关视频，吸引用户点击并购买团购券，当用户到店使用团购券后，达人即可获得佣金。达人只需要发布视频就能获得收益，而商家则只需要发布任务就能获得客人，同时用户也能享受到更优惠的价格，可谓一举多得。

图 10-1 最终效果

图 10-1　最终效果（续）

10.2 团购视频的制作过程

如今，短视频与团购相结合的新电商模式为实体店商家增加了一个全新的流量入口，并大大提高了店铺的曝光度，能够吸引更多用户到店消费。本节将介绍健身房团购视频的制作过程，大家可以举一反三，做出更多优质的团购视频效果。

10.2.1 添加过渡效果

先在剪映电脑版中导入拍好的视频素材，并在各个视频素材之间添加过渡效果，让视频转场更酷炫，具体操作方法如下。

1️⃣ 在剪映"媒体"功能区的"本地"选项卡中，导入多个视频素材，如图10-2所示。

2️⃣ ❶全选视频素材；❷单击第1个视频素材右下角的"添加到轨道"按钮➕，如图10-3所示。

专家提醒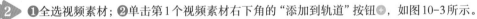

在"媒体"功能区的"本地"选项卡中，右上角的功能按钮的作用如下。

◇单击 ⊞⊞ 按钮，在弹出的下拉列表中选择"列表"选项，即可将素材以列表的形式进行排列。

◇单击"排序"按钮 排序⬇️，可以选择按导入时间、创建名称、名称、文件类型、时长、近－远、远－近等方式排列导入的素材文件。

◇单击"全部"按钮 全部⬇️，可以选择查看全部素材，或者单独查看视频、音频或图片素材。

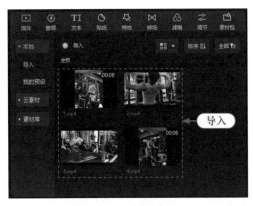

图 10-2　导入多个视频素材

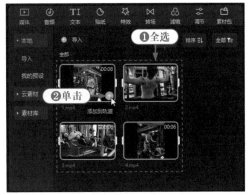

图 10-3　单击"添加到轨道"按钮

3 执行操作后,即可将视频素材添加到视频轨道,如图10-4所示。

4 ❶切换至"转场"功能区;❷在"转场效果"列表中选择"运镜"选项,如图10-5所示。

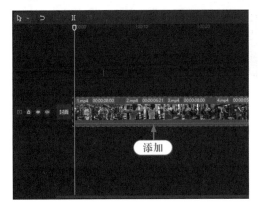

图 10-4　添加视频素材

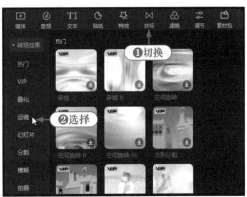

图 10-5　选择"运镜"选项

5 ❶执行操作后,即可切换至"运镜"选项卡;❷选择"拉远"转场效果,如图10-6所示。

6 单击"添加到轨道"按钮⊕,即可在前面两个视频的连接处添加"拉远"转场效果,如图10-7所示。

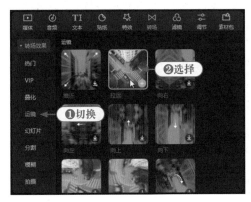

图 10-6　选择"拉远"转场效果

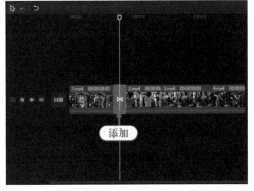

图 10-7　添加"拉远"转场效果

"拉远"转场效果可以产生一种拉镜头的运镜效果，能够形成一种从远处拉近镜头的画面穿梭感。

 在"转场"操作区中，❶设置"时长"为2s；❷单击"应用全部"按钮，如图10-8所示。

 执行操作后，即可将"拉远"转场效果添加到所有视频素材的连接处，如图10-9所示。

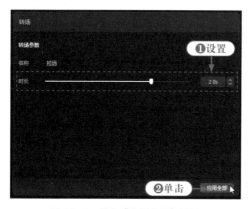

图10-8　单击"应用全部"按钮

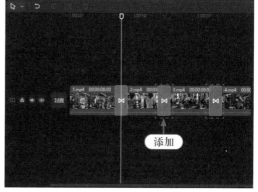

图10-9　添加多个转场效果

10.2.2　调整视频画面尺寸

将视频尺寸设置为抖音平台的默认竖屏尺寸，这样在发布视频后，可以增强用户的观看体验感，具体操作方法如下。

 在"播放器"面板的右下角，单击"适应"按钮，如图10-10所示。

 在弹出的列表中选择"9：16（抖音）"选项，如图10-11所示。

图10-10　单击"适应"按钮

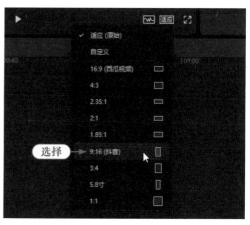

图10-11　选择"9：16（抖音）"选项

执行操作后，即可调整视频的画面尺寸，效果如图10-12所示。

 在视频轨道中，选择第1个视频素材，如图10-13所示。

图 10-12　调整视频画面尺寸后的效果　　　　图 10-13　选择第 1 个视频素材

 在"画面"操作区中，单击"背景"选项卡，如图10-14所示。

❶执行操作后，即可切换至"背景"选项卡；❷在"背景填充"下拉列表中选择"模糊"选项，如图10-15所示。

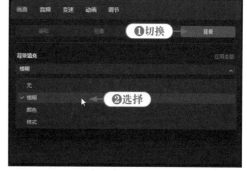

图 10-14　单击"背景"选项卡　　　　　　　图 10-15　选择"模糊"选项

❶选择第3个模糊样式；❷单击"应用全部"按钮，如图10-16所示。

执行操作后，即可为所有视频设置背景模糊效果，如图10-17所示。

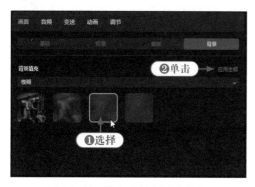

图 10-16　单击"应用全部"按钮　　　　　　图 10-17　设置背景模糊效果

▶10.2.3 制作片头标题效果

利用剪映的文字模板功能制作片头标题效果，可以让用户一目了然地了解团购视频的主要内容，具体操作方法如下。

① 切换至"文本"功能区；② 在左侧单击"文字模板"按钮，如图10-18所示。

在展开的"文字模板"列表中选择"片头标题"选项，如图10-19所示。

图 10-18　单击"文字模板"按钮　　　　图 10-19　选择"片头标题"选项

① 执行操作后，即可切换至"片头标题"选项卡；② 单击所选文字模板右下角的"添加到轨道"按钮➕，如图10-20所示。

添加相应的片头标题文字模板，并将其时长调整为2s，如图10-21所示。

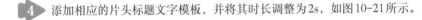

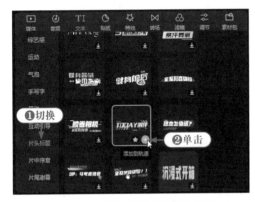
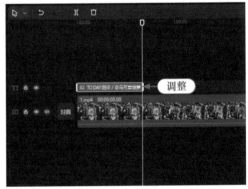

图 10-20　单击"添加到轨道"按钮　　　　图 10-21　调整文字模板的时长

在"文本"操作区的"基础"选项卡中，修改文本内容，如图10-22所示。

在"播放器"面板中，适当调整片头标题文字模板的大小和位置，如图10-23所示。

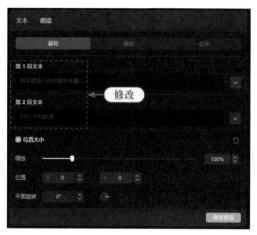

图 10-22　修改文本内容

图 10-23　调整文字模板的大小和位置

10.2.4 添加语音旁白

下面主要利用剪映的文本朗读功能给视频字幕配音，制作语音旁白效果，具体操作方法如下。

1 将时间指示器拖曳至片头标题文字模板的结束位置，如图10-24所示。

2 ❶切换至"文本"功能区；❷在"新建文本"选项卡中单击"默认文本"右下角的"添加到轨道"按钮❶，如图10-25所示。

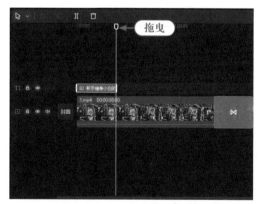

图 10-24　拖曳时间指示器

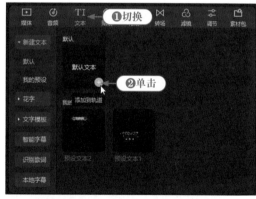

图 10-25　单击"添加到轨道"按钮

3 执行操作后，即可添加默认文本素材，如图10-26所示。

4 ❶切换至"文本"操作区；❷在"基础"选项卡中输入相应的文本内容；❸设置相应的字体，如图10-27所示。

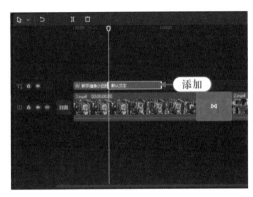

图 10-26　添加默认文本素材

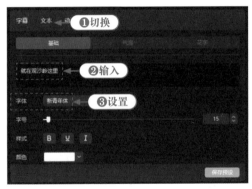

图 10-27　设置相应的字体

5 在"预设样式"选项区中，选择相应的预设样式，如图10-28所示。

6 在"播放器"面板中，适当调整文字的大小和位置，如图10-29所示。

图 10-28　选择相应的预设样式

图 10-29　调整文字的大小和位置

7 ❶切换至"朗读"操作区；❷选择"阳光男生"选项，如图10-30所示。

8 单击"开始朗读"按钮，即可生成对应的语音旁白，生成的效果如图10-31所示。

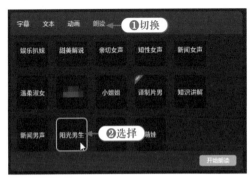

图 10-30　选择"阳光男生"选项

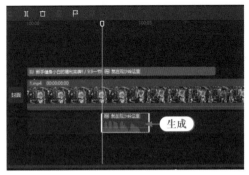

图 10-31　生成对应的语音旁白

9 适当调整文字素材的时长，使其与对应的语音旁白时长一致，如图10-32所示。

10 复制并粘贴文字素材，然后修改文本内容，如图10-33所示。

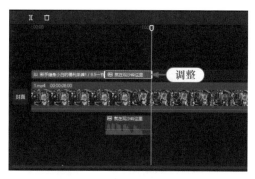

图 10-32 调整文字素材的时长 1

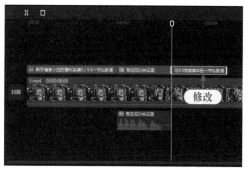

图 10-33 修改文本内容

⓫ ❶切换至"朗读"操作区; ❷选择"阳光男生"选项; ❸单击"开始朗读"按钮,如图10-34所示。

⓬ ❶生成对应的语音旁白; ❷适当调整文字素材的时长,如图10-35所示。

图 10-34 单击"开始朗读"按钮

图 10-35 调整文字素材的时长 2

⓭ 使用相同的操作方法,添加其他文字和语音旁白,如图10-36所示。

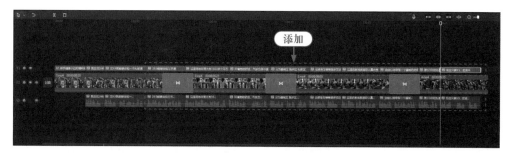

图 10-36 添加其他文字和语音旁白

10.2.5 制作视频片尾效果

利用剪映的素材包功能制作视频片尾效果,可以增强视频的互动性和引流效果,具体操作方法如下。

1 将时间指示器拖曳至26s处，如图10-37所示。

2 ❶切换至"素材包"功能区；❷在"素材包"列表中选择"片尾"选项，如图10-38所示。

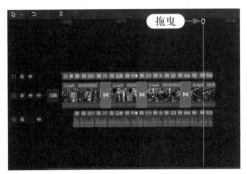
图 10-37　拖曳时间指示器

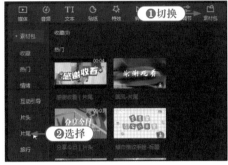
图 10-38　选择"片尾"选项

3 ❶执行操作后，即可切换至"片尾"选项卡；❷选择相应的素材包，如图10-39所示。

4 单击"添加到轨道"按钮❶，即可将片尾素材包添加到对应的轨道中，如图10-40所示。

图 10-39　选择相应的素材包

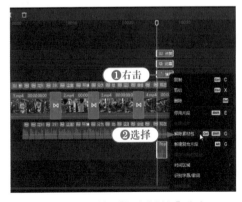
图 10-40　添加片尾素材包

5 ❶在素材包上单击鼠标右键；❷在弹出的快捷菜单中选择"解除素材包"命令，如图10-41所示。

6 执行操作后，即可解除素材包的组合，然后适当调整其中音效素材的位置，如图10-42所示。

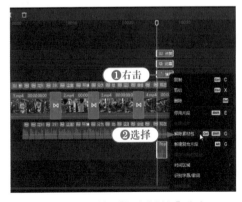
图 10-41　选择"解除素材包"命令

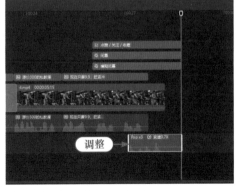
图 10-42　调整音效素材的位置

📱10.2.6 添加背景音乐

给团购视频添加一个动感十足的背景音乐,可以活跃视频的气氛,具体操作方法如下。

▶1️⃣ 将时间指示器拖曳至起始位置,如图10-43所示。

▶2️⃣ ❶切换至"音频"功能区;❷在"音乐素材"列表中选择"动感"选项,如图10-44所示。

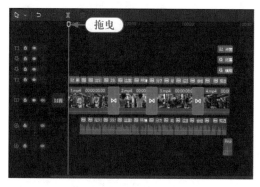

图 10-43　拖曳时间指示器

图 10-44　选择"动感"选项

▶3️⃣ ❶执行操作后,切换至"动感"选项卡;❷单击所选背景音乐右下角的"添加到轨道"按钮⊕,如图10-45所示。

▶4️⃣ 执行操作后,即可添加背景音乐,然后适当调整时长,使其结束位置与音效素材的起始位置对齐,如图10-46所示。

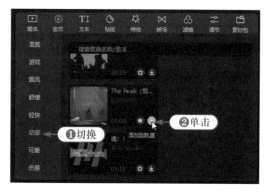

图 10-45　单击"添加到轨道"按钮

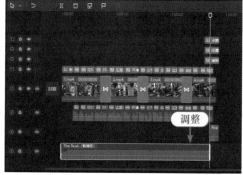

图 10-46　调整背景音乐的时长

▶5️⃣ 在"音频"操作区的"基本"选项卡中,设置"音量"为-20dB,如图10-47所示,降低背景音乐的音量。

▶6️⃣ ❶选中"变声"复选框;❷在下方的下拉列表中选择"回音"选项;❸设置"数量"为80,"强弱"为50,如图10-48所示,添加变声效果。

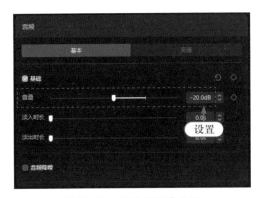

图 10-47　设置"音量"参数

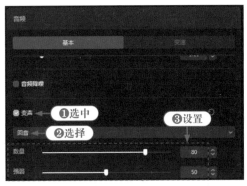

图 10-48　设置"变声"参数

7 在时间线面板中，按住背景音乐右侧的 ⊙ 图标并向左拖曳2s，添加音频淡出效果，如图10-49所示。

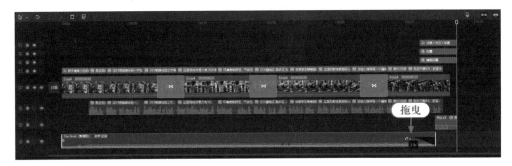

图 10-49　添加音频淡出效果

第 11 章

主图视频制作：《图书套装》

主图视频能够有效利用手机屏幕聚焦信息的特点，为用户提供一个更加纯粹、直观的购物场景，让他们通过视频即可充分了解产品的方方面面。本章将通过一个综合案例，介绍主图视频的制作技巧。

11.1 主图视频的效果展示

本实例制作的是图书的主图视频，重在展现图书的封面、内容和特色等信息。具体内容包括片头标题、重点推荐、内容简介、特色亮点、片尾引导等，最终效果如图11-1所示。

图 11-1　最终效果

11.2 主图视频的制作流程

剪映手机版的优势在于不仅可以随时随地制作主图视频，而且可以直接拍摄产品视频素材，实现"产品摄影＋主图视频制作"两大功能的结合，满足大家的各类视频剪辑需求。本节主要介绍使用剪映手机版制作主图视频的操作方法。

11.2.1 导入图片和视频素材

下面介绍在剪映手机版中导入图片和视频素材的操作方法。

1 打开剪映APP，在主界面点击"开始创作"按钮，如图11-2所示。

2 进入手机相册，❶选择相应的视频素材；❷选中"高清"复选框；❸点击"添加"按钮，如图11-3所示。

3 ❶执行操作后，即可将视频素材添加到视频轨道；❷点击"画中画"按钮，如图11-4所示。

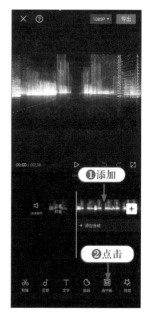

图11-2　点击"开始创作"按钮　　图11-3　点击"添加"按钮　　图11-4　点击"画中画"按钮

4 点击"新增画中画"按钮，进入手机相册，❶选择相应的图片素材；❷点击"添加"按钮，如图11-5所示。

5 执行操作后，即可将图片素材添加到画中画轨道中，将其持续时间调整为5s，如图11-6所示。

6 继续将其他的素材添加到画中画轨道中，如图11-7所示。

图 11-5　点击"添加"按钮

图 11-6　调整持续时间

图 11-7　添加其他素材

11.2.2　制作关键帧动画效果

　　下面介绍在剪映手机版中制作关键帧动画效果的操作方法。

　　❶将时间轴拖曳至起始位置;❷适当调整第1个画中画素材的大小;❸点击"添加关键帧"按钮◇,如图11-8所示。

　　执行操作后,即可在画中画轨道中添加1个关键帧,如图11-9所示。

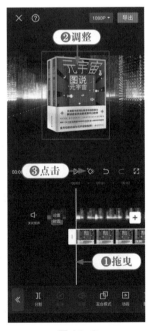

图 11-8
点击"添加关键帧"按钮

图 11-9
添加 1 个关键帧

3 ❶拖曳时间轴至3s处；❷在预览区中适当调整画中画素材的大小和位置；❸自动生成关键帧，如图11-10所示。

4 点击界面下方的"动画"按钮，然后点击"出场动画"按钮，进入"出场动画"界面，❶选择"向左滑动"动画效果；❷设置动画时长为1s，如图11-11所示。

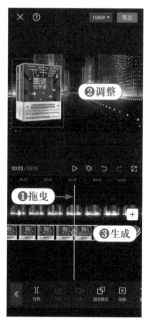

图 11-10　自动生成关键帧　　图 11-11　设置动画时长

11.2.3　添加主图视频文案

下面介绍在剪映手机版中添加主图视频文案的操作方法。

1 返回主界面，❶拖曳时间轴至2s处；❷点击"文字"按钮，如图11-12所示。

2 进入文字编辑界面，点击"新建文本"按钮，如图11-13所示。

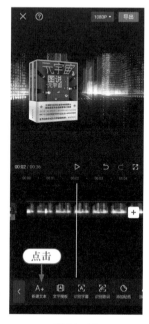

图 11-12
点击"文字"按钮

图 11-13
点击"新建文本"按钮

3 ❶输入相应的文字;❷选择适合的字体,如图11-14所示。

4 ❶切换至"花字"选项卡;❷选择适合的花字样式;❸适当调整文字的大小和位置,如图11-15所示。

图 11-14
选择适合的字体

图 11-15
调整文字的大小和位置

5 ❶切换至"动画"选项卡;❷在"入场动画"选项卡中选择"收拢"动画效果;❸设置动画时长为1s,如图11-16所示。

6 ❶切换至"出场动画"选项卡;❷选择"飞出"动画效果;❸设置动画时长为1s,如图11-17所示。

图 11-16 设置文字的入场动画

图 11-17 设置文字的出场动画

⑦ ❶调整第2个画中画素材的大小和位置；❷点击"混合模式"按钮，如图11-18所示。

⑧ 选择"滤色"选项，合成画面效果，如图11-19所示。

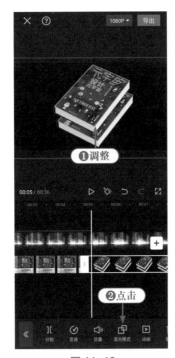

图 11-18
点击"混合模式"按钮

图 11-19
选择"滤色"选项

⑨ 返回主界面后，在界面下方点击"文字"按钮，然后点击"文字模板"按钮，如图11-20所示。

⑩ 进入"文字模板"界面，选择一个具有科技感的文字模板，如图11-21所示。

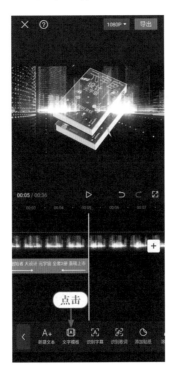

图 11-20
点击"文字模板"按钮

图 11-21
选择文字模板

11 ❶修改文本内容;
❷适当调整文字模板的大小和位置,如图11-22所示。

12 将文字模板的时长调整为与第2个画中画素材的时长一致,如图11-23所示。

图 11-22
调整文字模板的大小和位置 1

图 11-23
调整文字模板的时长

13 适当调整第3个画中画素材的位置,如图11-24所示。

14 在第3个画中画素材的右侧,❶添加一个美食文字模板;❷修改文本内容;❸适当调整文字模板的大小和位置,如图11-25所示。

图 11-24
调整第 3 个画中画素材

图 11-25
调整文字模板的大小和位置 2

15 将文字模板的时长调整为与第3个画中画素材的时长一致，如图11-26所示。

16 适当调整第4个画中画素材的位置，如图11-27所示。

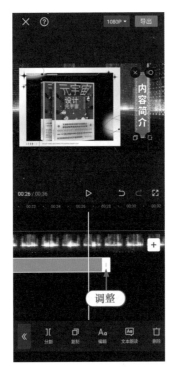
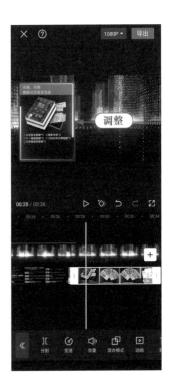

图 11-26
调整文字模板的时长 1

图 11-27
调整第 4 个画中画素材

17 在第4个画中画素材的右侧，❶添加一个任务清单文字模板；❷修改文本内容；❸适当调整文字模板的大小和位置，如图11-28所示。

18 将文字模板的时长调整为与第4个画中画素材的时长一致，如图11-29所示。

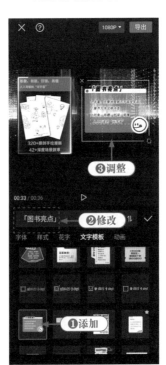
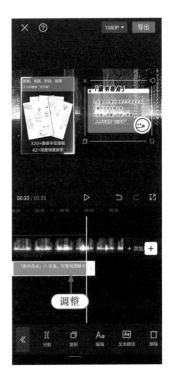

图 11-28
调整文字模板的大小和位置

图 11-29
调整文字模板的时长 2

11.2.4　添加背景音乐

下面介绍在剪映手机版中为主图视频添加背景音乐的操作方法。

1 返回主界面,❶拖曳时间轴至起始位置;❷点击"音频"按钮,如图11-30所示。

2 进入音频编辑界面,点击"提取音乐"按钮,如图11-31所示。

图 11-30
点击"音频"按钮

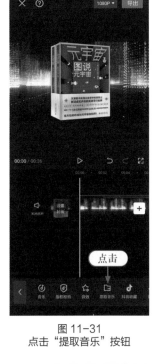

图 11-31
点击"提取音乐"按钮

3 ❶在手机相册中选择相应的视频文件;❷点击"仅导入视频的声音"按钮,如图11-32所示。

4 执行操作后,即可导入所选视频的背景声音,❶选择音频素材;❷拖曳时间轴至视频素材的结束位置;❸点击"分割"按钮,如图11-33所示。

图 11-32
点击"仅导入视频的声音"按钮

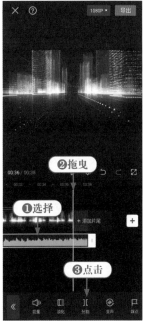

图 11-33
点击"分割"按钮

5 执行操作后，即可分
割音频素材，❶选择多余的音频
片段；❷点击"删除"按钮，如
图11-34所示，删除多余的音频。

6 选择音频素材，点击
界面下方的"淡化"按钮，设置
"淡出时长"为2.8s，如图11-35
所示，添加音频淡出效果。

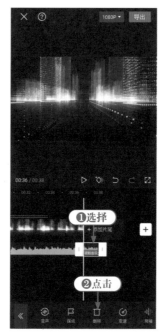

图 11-34
点击"删除"按钮

图 11-35
设置"淡出时长"参数

11.2.5 添加片尾素材包效果

下面介绍在剪映手机版中为
主图视频添加片尾素材包效果的
操作方法。

1 返回主界面，❶将时
间轴拖曳至第4个画中画素材的
结束位置；❷点击"素材包"按
钮，如图11-36所示。

2 进入素材包界面，点击
"片尾"选项卡，如图11-37所示。

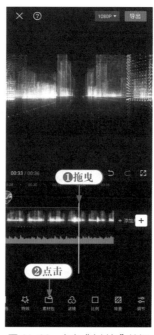

图 11-36 点击"素材包"按钮

图 11-37 点击"片尾"选项卡

3️⃣ 切换至"片尾"选项
卡,选择相应的片尾素材包,
如图11-38所示。

4️⃣ ❶选择片尾素材
包;❷点击"打散"按钮,如
图11-39所示。

图 11-38 选择相应的片尾素材包   图 11-39 点击"打散"按钮

5️⃣ 执行操作后,即可
将片尾素材包打散到各个轨道
中,如图11-40所示。

6️⃣ 进入文字编辑界
面,❶选择素材包中的文字素
材;❷点击"编辑"按钮,如
图11-41所示。

图 11-40 将片尾素材包打散   图 11-41 点击"编辑"按钮

⑦ ❶修改第1段文本的内容；❷点击"切换"按钮 ⬇️，如图11-42所示。

⑧ ❶修改第2段文本的内容；❷点击"确认"按钮 ✔️ 即可，如图11-43所示。

图 11-42　点击"切换"按钮

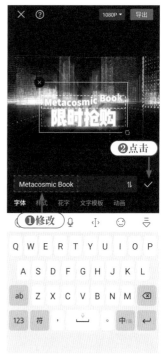

图 11-43　点击"确认"按钮